これからはじめる パワーポイントの本

［PowerPoint 2016/2013対応版］

門脇香奈子［著］

技術評論社

本書の特徴

- 最初から通して読むと、体系的な知識・操作が身に付きます。
- 読みたいところから読んでも、個別の知識・操作が身に付きます。
- ダウンロードした練習ファイルを使って学習できます。

本書の使い方

本文は、01、02、03…の順番に手順が並んでいます。この順番で操作を行ってください。
それぞれの手順には、❶、❷、❸…のように、数字が入っています。
この数字は、操作画面内にも対応する数字があり、操作を行う場所と、操作内容を示しています。

練習ファイル：04-01a　完成ファイル：04-01b

lesson. 4-1

表を作成しよう

細かい情報を整理してわかりやすく提示したいときは、表を利用しましょう。
表の行数や列数を指定して表を追加し、文字を入力します。

01 表を追加する

表を追加するスライドを左クリックします❶。［挿入］タブを左クリックして❷、（［表の挿入］ボタン）を左クリックします❸。ここでは、6行2列の表を作成します。左から2番目、上から6番目のマス目を左クリックします❹。

memo
コンテンツを入れるプレースホルダーの（［表の挿入］ボタン）を左クリックしても、表を追加できます。

02 表が追加された

表が表示されます。左上のセルを左クリックします❶。

memo
表のひとつひとつのマス目をセルと言います。

第4章　表やグラフを作ろう

03 文字を入力する

文字を入力します❶。Tab キーを押します❷。

04 文字を入力する

右のセルに文字カーソルが移動します。文字を入力します❶。Tab キーを押します❷。

05 文字を入力する

文字を入力します❶。Tab キーを押して文字カーソルを移動しながら、文字を入力します❷。

memo
表の右下隅に文字を入力したあと、Tab キーを押すと新しい行が追加され、行の左端に文字カーソルが表示されます。

64　65

Visual Index

具体的な操作を行う各章の頭には、その章で学習する内容を視覚的に把握できるインデックスがあります。このインデックスから、自分のやりたい操作を探し、表示のページに移動すると便利です。

動作環境について

- 本書は、PowerPoint 2016とPowerPoint 2013を対象に、操作方法を解説しています。
- 本文に掲載している画像は、Windows 10とPowerPoint 2016の組み合わせで作成しています。PowerPoint 2013では、操作や画面に多少の違いがある場合があります。詳しくは、本文中の補足解説を参照してください。
- Windows 10以外のWindowsを使って、PowerPoint 2016やPowerPoint 2013を動作させている場合は、画面の色やデザインなどに多少の違いがある場合があります。

練習ファイルの使い方

練習ファイルについて

本書の解説に使用しているサンプルファイルは、以下のURLからダウンロードできます。

http://gihyo.jp/book/2017/978-4-7741-8725-9/support

練習ファイルと完成ファイルは、レッスンごとに分けて用意されています。たとえば、「2-3　スライドを追加しよう」の練習ファイルは、「02-03a」という名前のファイルです。また、完成ファイルは、「02-03b」という名前のファイルです。

練習ファイルをダウンロードして展開する

01

ブラウザー（ここではMicrosoft Edge）を起動して、上記のURLを入力し❶、Enter キーを押します❷。

02

表示されたページにある［ダウンロード］欄の［練習ファイル］を左クリックし❶、［保存］を左クリックします❷。

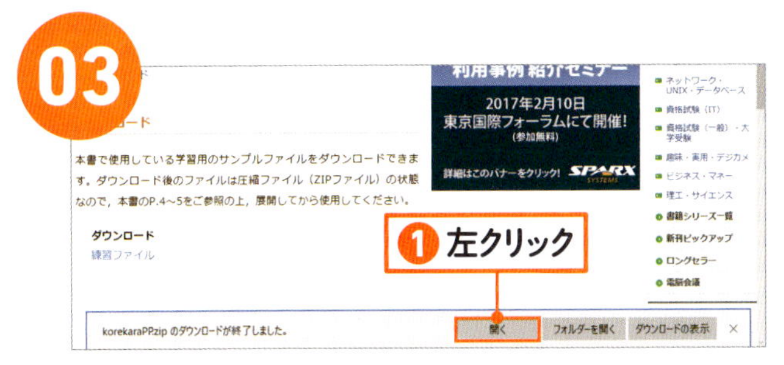

ファイルがダウンロードされます。［開く］を左クリックします❶。

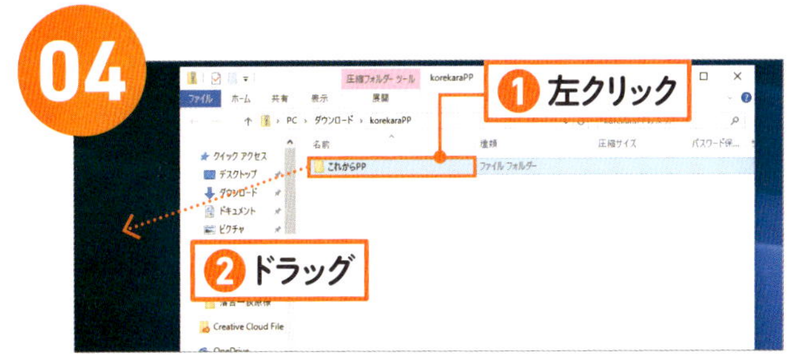

エクスプローラーの画面が開くので、表示されたフォルダーを左クリックして❶、デスクトップの何もない場所にドラッグします❷。

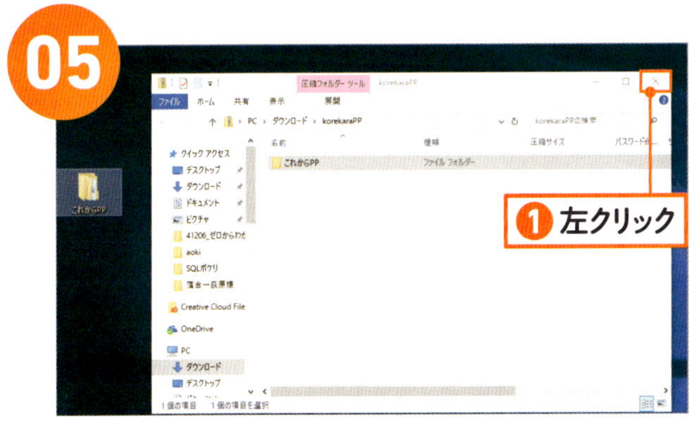

展開されたフォルダーがデスクトップに表示されます。✕を左クリックして❶、エクスプローラーの画面を閉じます。

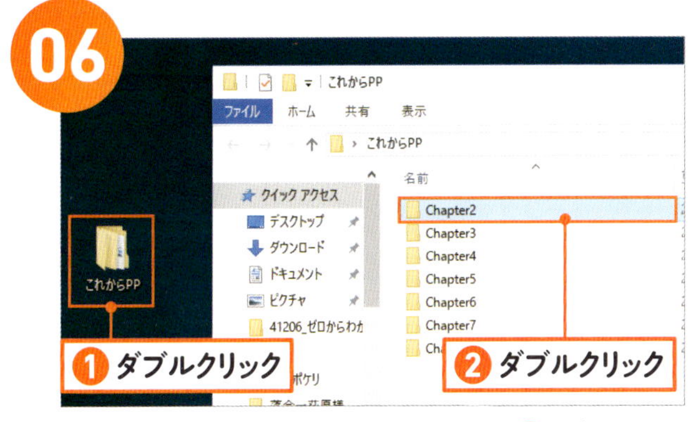

展開されたフォルダーをダブルクリックします❶。章のフォルダーが表示されるので、章のフォルダーの１つをダブルクリックします❷。

レッスンごとに、練習ファイル（末尾が「a」のファイル）と完成ファイル（末尾が「b」のファイル）が表示されます。ダブルクリックすると❶、パワーポイントで開くことができます。

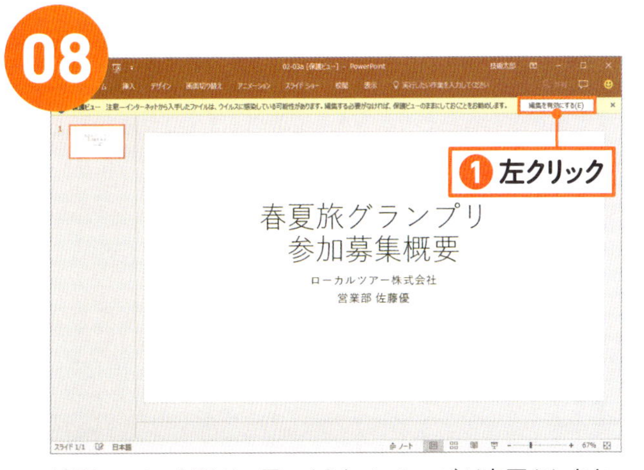

練習ファイルを開くと、図のようなメッセージが表示されます。［編集を有効にする］を左クリックすると❶、メッセージが閉じて、本書の操作を行うことができます。

Contents

Chapter 3 スライドのデザインを変更しよう

Chapter 4 表やグラフを作ろう

Chapter 5 スライドに入れる図を作ろう

Chapter 6 イラスト・写真・動画を利用しよう

Chapter 7 アニメーションを活用しよう

Chapter 8 プレゼンテーションを実行しよう

免責

・本書に記載された内容は、情報の提供のみを目的としています。したがって、本書を用いた運用は、必ずお客様自身の責任と判断によって行ってください。これらの情報の運用の結果について、技術評論社および著者はいかなる責任も負いません。

・ソフトウェアに関する記述は、特に断りのない限り、2017年1月現在の最新バージョンをもとにしています。ソフトウェアはバージョンアップされる場合があり、本書の説明とは機能や画面図などが異なってしまうこともありえます。本書の購入前に、必ずバージョンをご確認ください。

・以上の注意事項をご承諾いただいた上で、本書をご利用願います。これらの注意事項をお読みいただかずに、お問い合わせいただいても、技術評論社および著者は対処いたしかねます。あらかじめ、ご承知おきください。

商標、登録商標について

Chapter 1

基本操作を身に付けよう

この章では、パワーポイントの起動・終了などの基本操作を紹介します。パワーポイントの画面各部の名称や、その役割を知りましょう。また、作成したファイルを保存したり、保存したファイルを開いて表示したりといった、ファイルの基本操作も確認します。

1-1

パワーポイントを起動・終了しよう

スタートメニューからパワーポイントを起動して、使う準備をしましょう。
また、パワーポイントを終了する方法も紹介します。

01 スタートメニューを表示する

（［スタート］ボタン）を左クリックします❶。Windows 8.1の場合は、キーを押してスタート画面を表示し、を左クリックします。Windows 7の場合は、を左クリックし、すべてのプログラム を左クリックします。

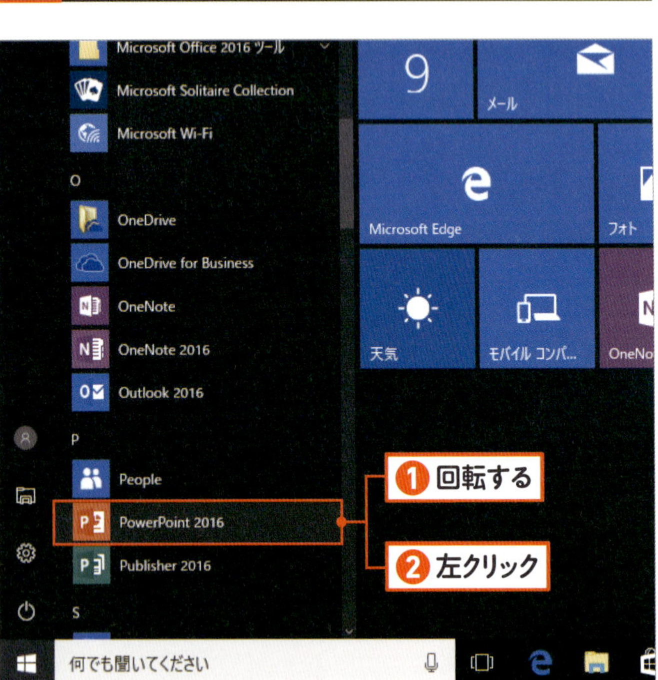

02 パワーポイントを起動する

マウスポインターをスタートメニューの中に移動して、ホイールを回転します❶。［PowerPoint 2016］を左クリックします❷。パワーポイント2013の場合は、［Microsoft Office 2013］を左クリックし、［PowerPoint 2013］を左クリックします。

memo

Windows 10やWindows 8.1の場合、スタートメニューにパワーポイント2016やパワーポイント2013のタイルが表示されている場合もあります。その場合、タイルを左クリックしてパワーポイントを起動できます。

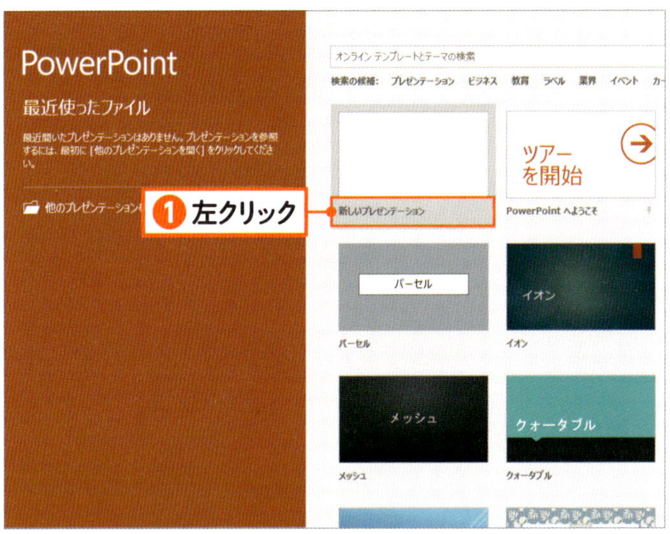
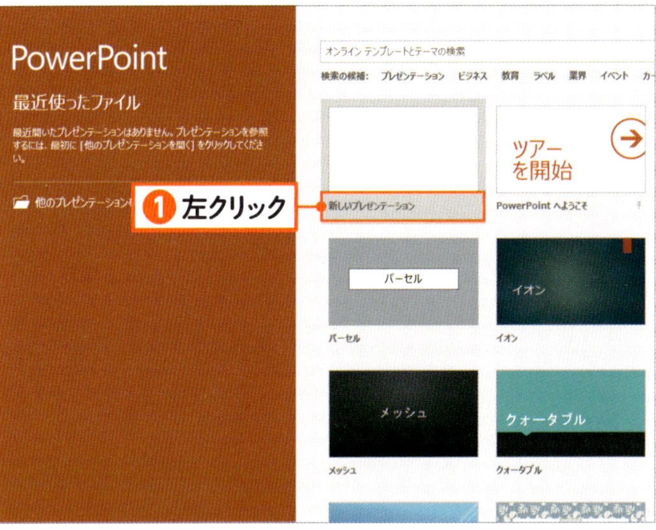

03 新規ファイルを準備する

新しいプレゼンテーション を左クリックします❶。

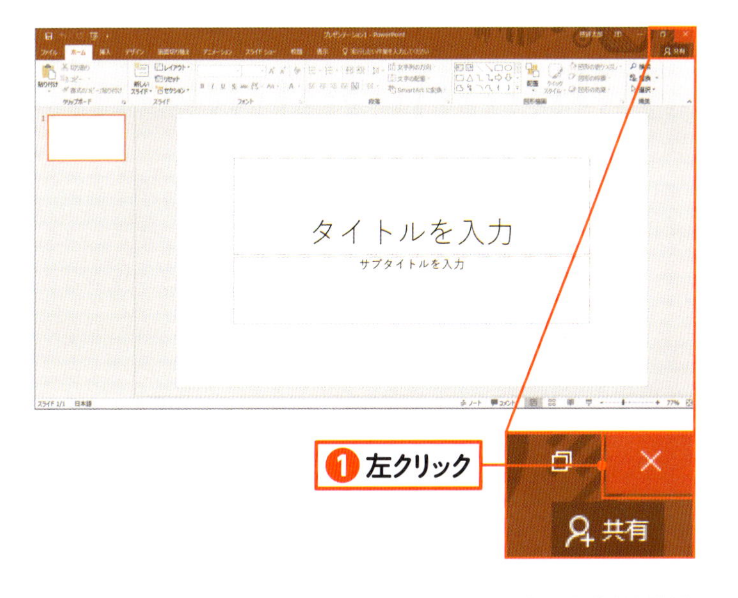

04 パワーポイントを終了する

パワーポイントが起動し、パワーポイントを使う準備ができました。パワーポイントを終了するには、ウィンドウの右上の × ([閉じる] ボタン) を左クリックします❶。

Check! 終了時にメッセージが表示された場合

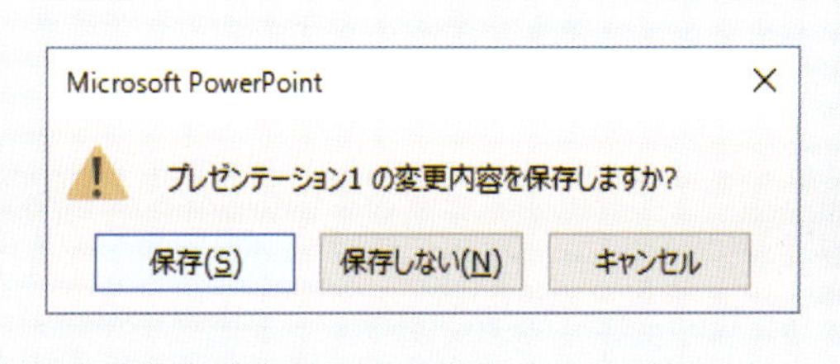

手順04で × を左クリックしたときに、左のような画面が表示される場合があります。これは、ファイルを保存せずにパワーポイントを終了しようとしたときに表示されるメッセージです。ファイルを保存するには 保存(S) 、保存しないでパワーポイントを終了する場合は 保存しない(N) を左クリックします。ファイルの保存方法は、16ページで紹介します。

練習ファイル ：なし　完成ファイル ：なし

lesson. 1-2

パワーポイントの画面の見方を知ろう

パワーポイントの画面各部の名称と役割を確認しましょう。
名称を忘れてしまった場合は、このページに戻って確認します。

パワーポイントの画面構成

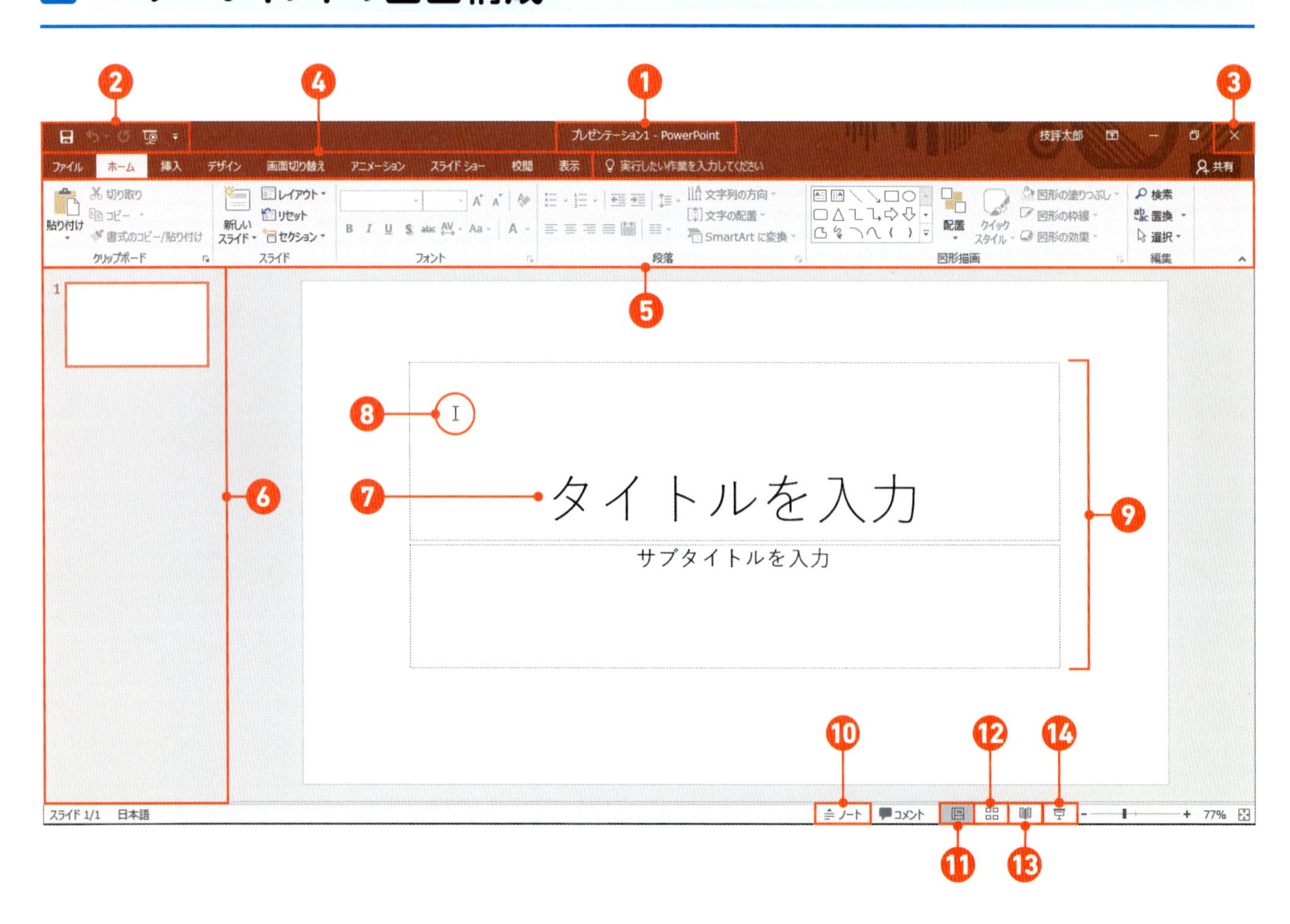

❶ タイトルバー

ファイルの名前が表示されるところです。

プレゼンテーション1 - PowerPoint

❷ クイックアクセスツールバー

よく使う機能のボタンを登録しておく場所です。

❸［閉じる］ボタン

パワーポイントを終了するときに使います。

❹ タブ／❺ リボン

パワーポイントで実行する機能が、「タブ」ごとに分類されています。

❻ スライド一覧

プレゼンテーションのすべてのスライドの縮小図が表示されます。表示するスライドを切り替えたりします。

❼ スライドペイン

スライド一覧で選択されているスライドの内容が表示されます。

❽ マウスポインター

マウスの位置を示しています。マウスポインターの形はマウスの位置によって変わります。

❾ プレースホルダー

タイトルや箇条書きの文字、写真や表などを入れる枠です。

❿ ノート

ノートを入力する領域の表示／非表示を切り替えます。

⓫ 標準

標準表示モードとアウトライン表示モードを切り替えます。

⓬ スライド一覧

スライド一覧表示モードに切り替えます。

⓭ 閲覧表示

スライドをウィンドウいっぱいに表示します。

⓮ スライドショー

スライドショーを実行します。

lesson.

1-3

ファイルを保存しよう

ファイルをあとでまた使えるようにするには、ファイルを保存します。
ファイルを保存するときは、保存場所とファイル名を指定します。

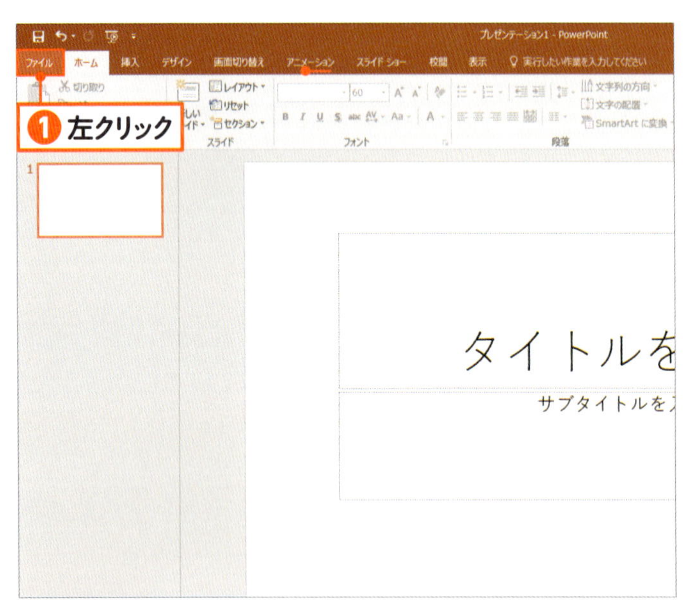

01 保存の準備をする

［ファイル］タブを左クリックします❶。

memo

ここでは、［ドキュメント］フォルダーに「保存の練習」という名前でファイルを保存します。

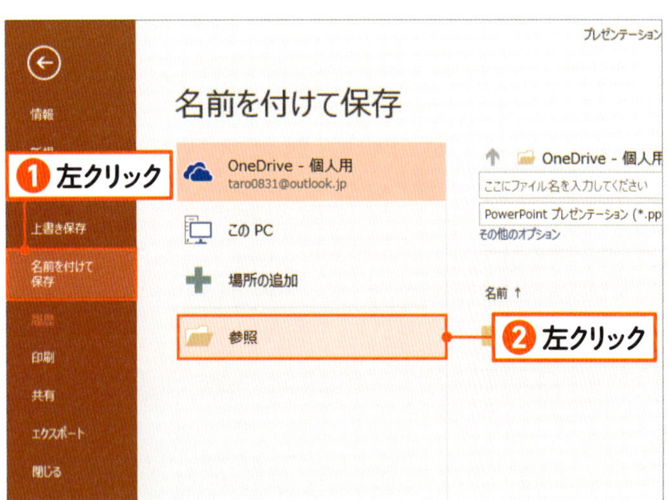

02 保存の画面を開く

名前を付けて保存 を左クリックします❶。 参照 を左クリックします❷。パワーポイント2013の場合、 コンピューター を左クリックし、右下に表示される 参照 を左クリックします。

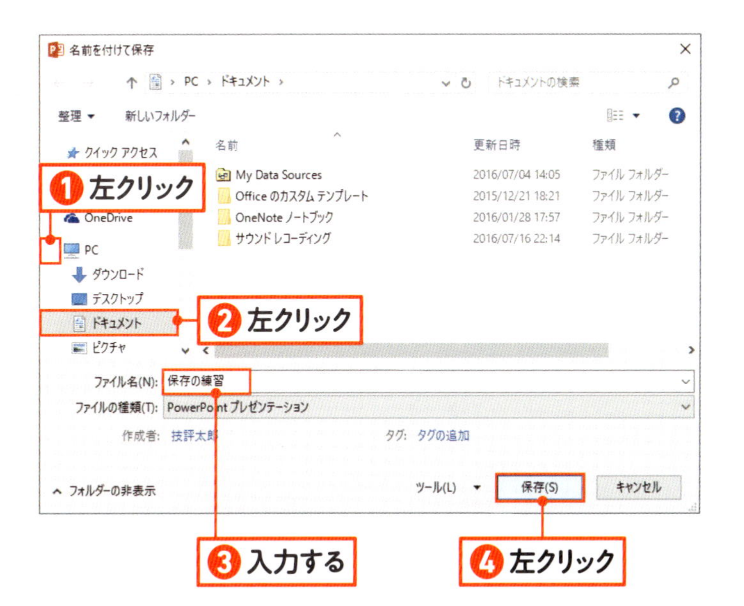

03 名前を付けて保存する

PC の左の > を左クリックします❶。ドキュメント を左クリックします❷。［ファイル名］の欄にファイルの名前を入力します❸。保存(S) を左クリックします❹。

memo

［名前を付けて保存］の画面にフォルダー一覧が表示されていない場合は、画面の左下の フォルダーの参照(B) を左クリックします。

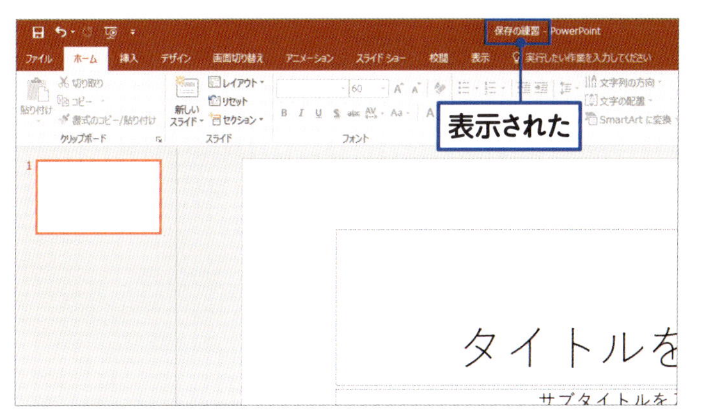

04 ファイルが保存された

ファイルが保存されました。タイトルバーにファイル名が表示されます。

Check! ファイルを上書き保存する

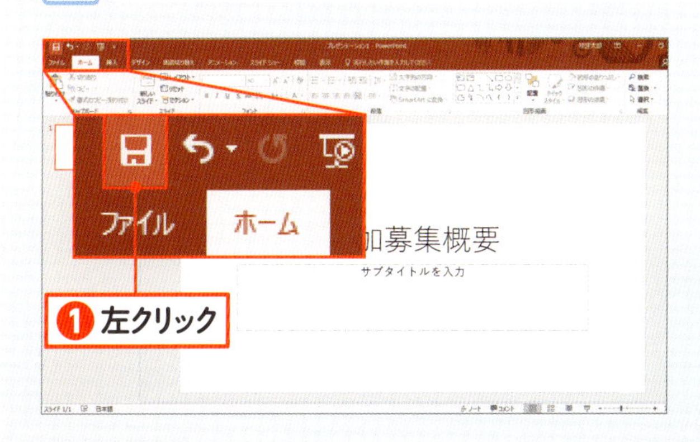

一度保存したファイルを修正したあと、更新して保存するには、クイックアクセスツールバーの 🖫（［上書き保存］ボタン）を左クリックします❶。すると、画面上は何も変わりませんが、ファイルが上書き保存されます。

練習ファイル：なし　完成ファイル：なし

1-4 保存したファイルを開こう

保存したファイルを呼び出して表示することを、「ファイルを開く」と言います。17ページで保存したファイルを開いてみましょう。

ファイルを開く準備をする

［ファイル］タブを左クリックします❶。

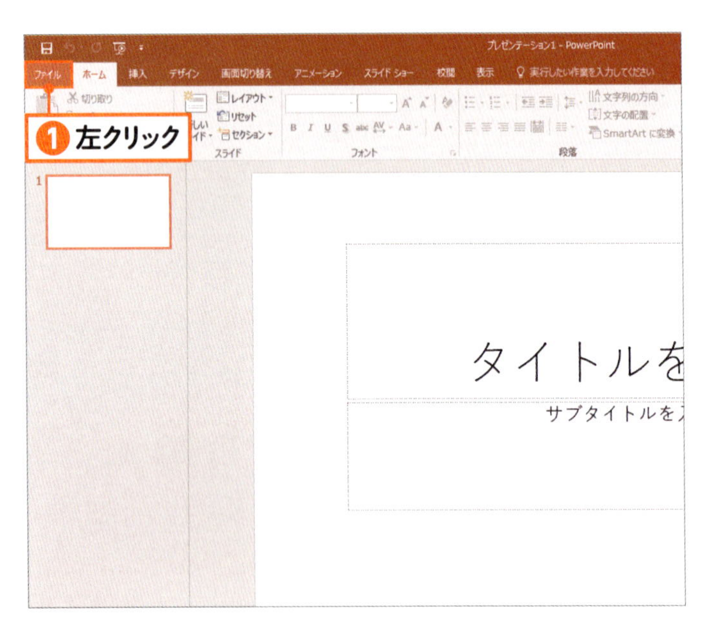

ファイルを開く画面を表示する

開く を左クリックします❶。 参照 を左クリックします❷。パワーポイント2013の場合、 コンピューター を左クリックし、右下に表示される 参照 を左クリックします。

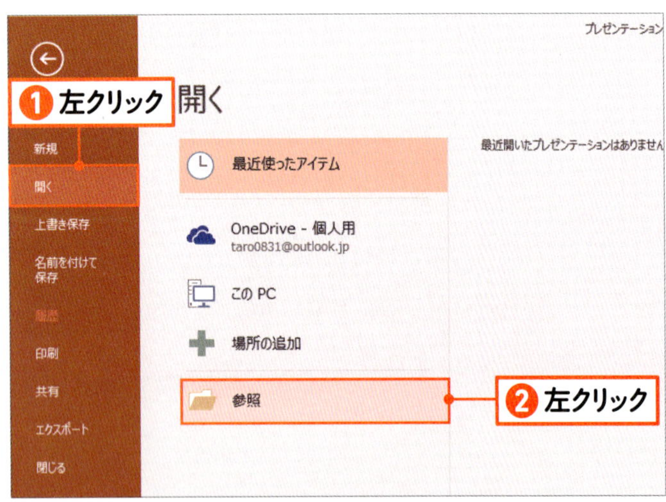

memo

保存したファイルのアイコンをダブルクリックしても、ファイルを開くことができます。

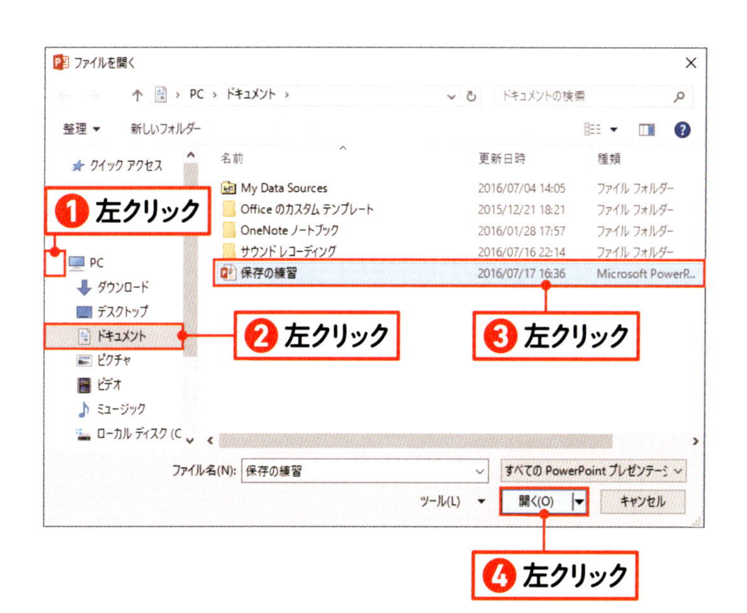

ファイルを開く

PC の左の > を左クリックします❶。ドキュメント を左クリックします❷。開くファイルを左クリックします❸。開く(O) を左クリックします❹。

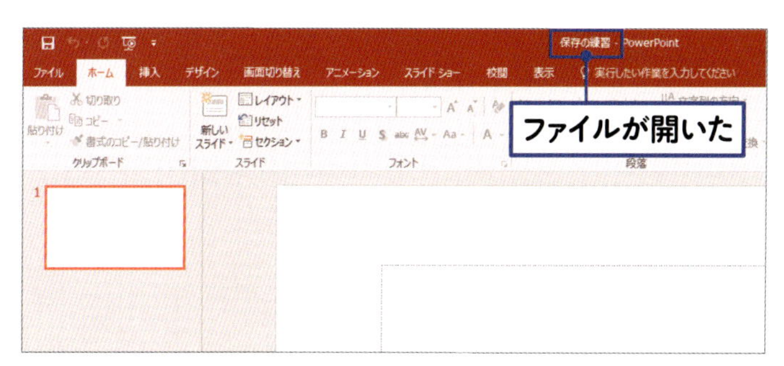

ファイルが開いた

ファイルが開きました。タイトルバーにファイル名が表示されます。

Check! 一覧からファイルを開く

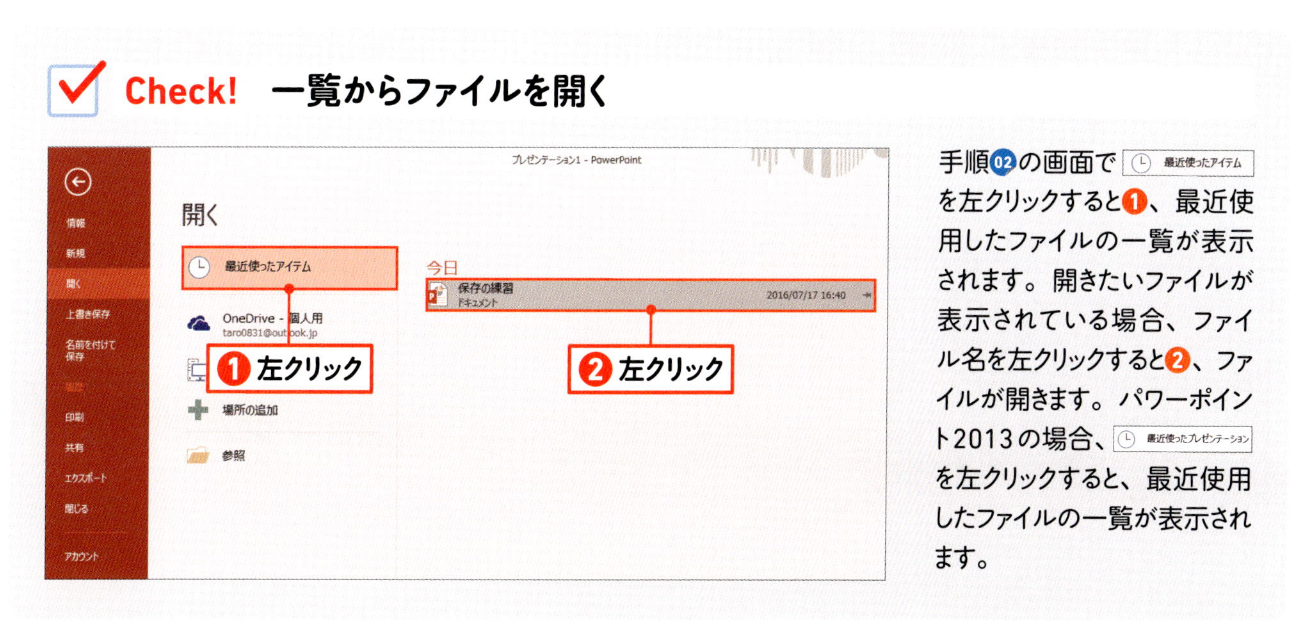

手順02の画面で 最近使ったアイテム を左クリックすると❶、最近使用したファイルの一覧が表示されます。開きたいファイルが表示されている場合、ファイル名を左クリックすると❷、ファイルが開きます。パワーポイント2013の場合、最近使ったプレゼンテーション を左クリックすると、最近使用したファイルの一覧が表示されます。

第1章　練習問題

1

スタートメニューを表示するときに左クリックするボタンはどれですか？

2

ファイルを保存するときに左クリックするボタンはどれですか？

3

ファイルを開くなど、ファイルに関する基本操作を行うときに左クリックするタブはどれですか？

 ホーム
 ファイル
 表示

Chapter

スライドを作ろう

この章では、パワーポイントでプレゼンテーション資料を作成する基本的な手順を紹介します。パワーポイントでは、スライドというシートを利用してプレゼンテーション資料を作成します。プレゼンテーションの構成に沿って、必要なスライドを準備しましょう。

›› Visual Index

Chapter 2

スライドを作ろう

lesson. 1 スライドの基本を知る

GO ›› P.024

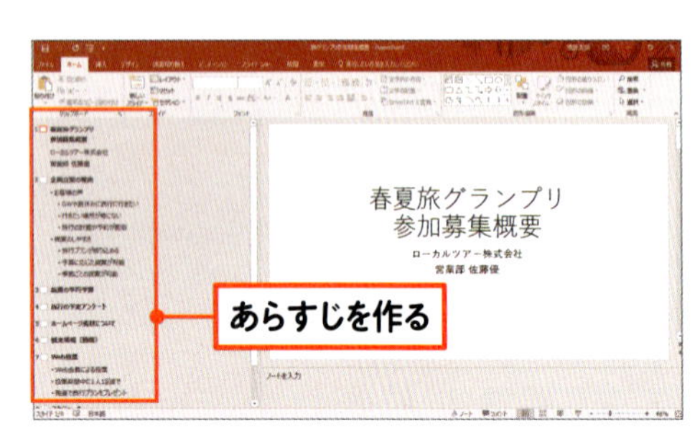

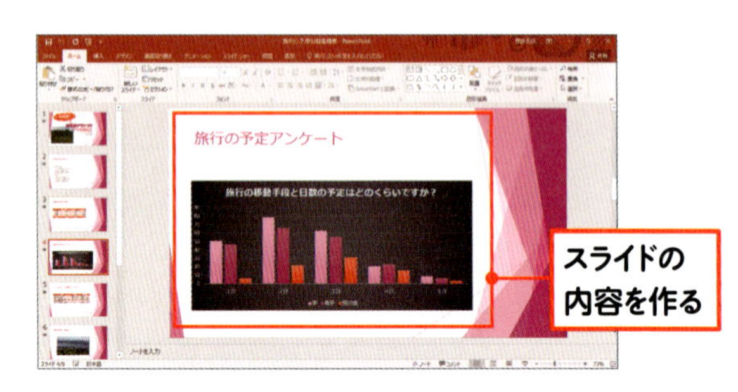

lesson. 2 文字を入力する

GO ›› P.026

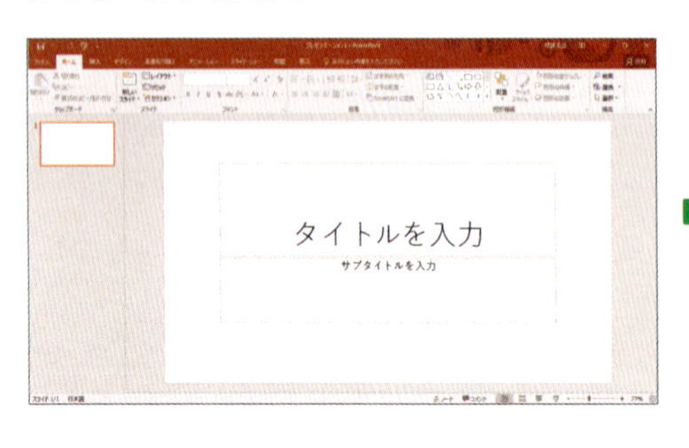

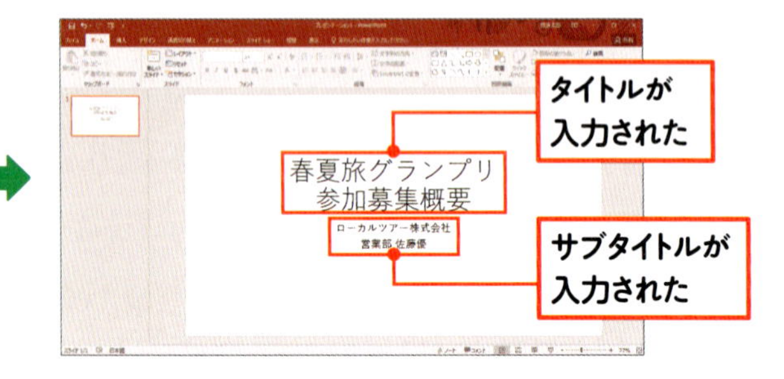

lesson. 3 スライドを追加する

GO ›› P.028

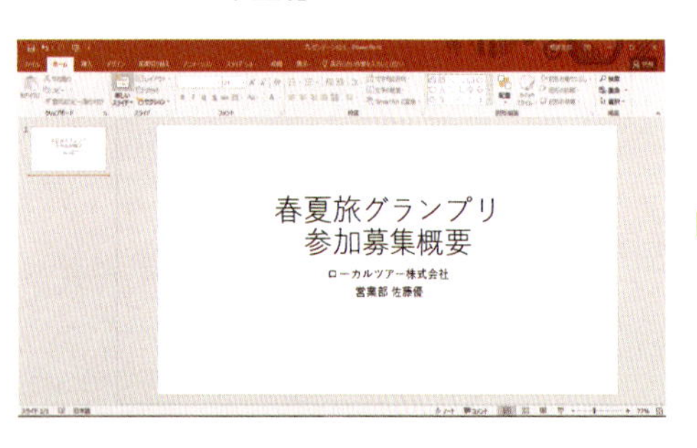

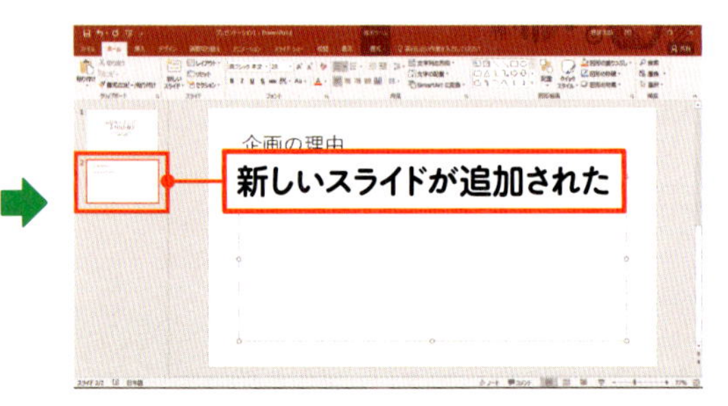

lesson. **4**

文字を削除／挿入する

GO ›› P.030

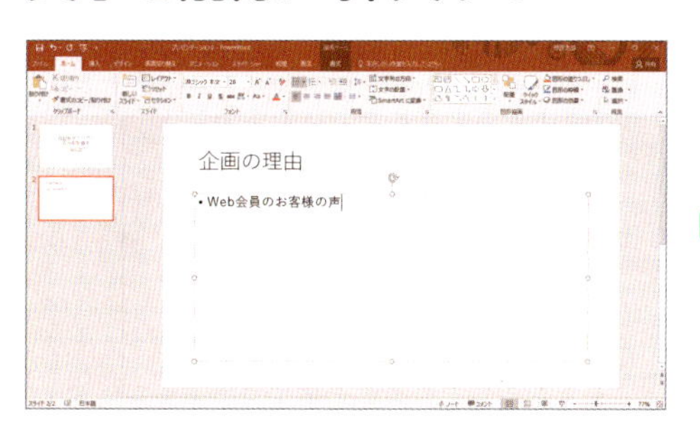

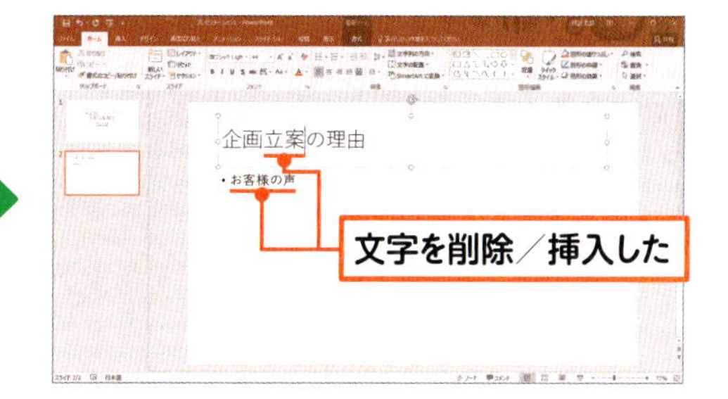

lesson. **5**

箇条書きを入力する

GO ›› P.032

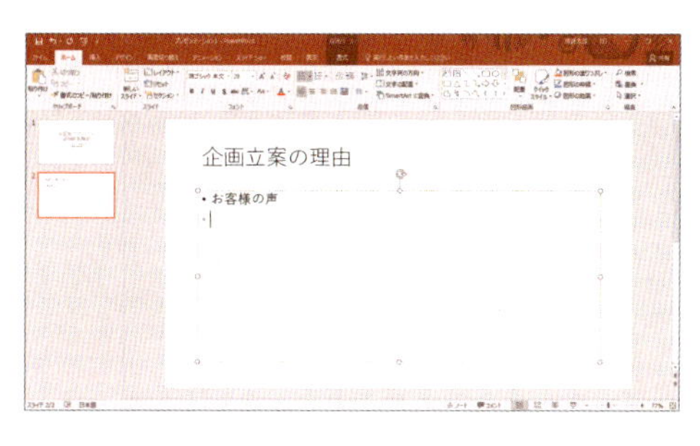

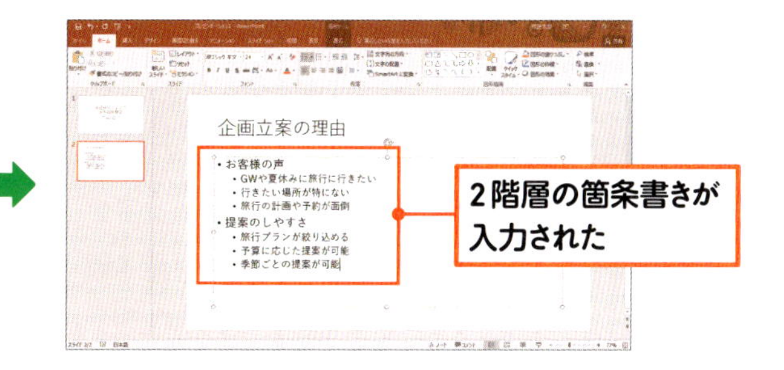

lesson. **6**

プレゼンテーションの全体構成を作る

GO ›› P.034

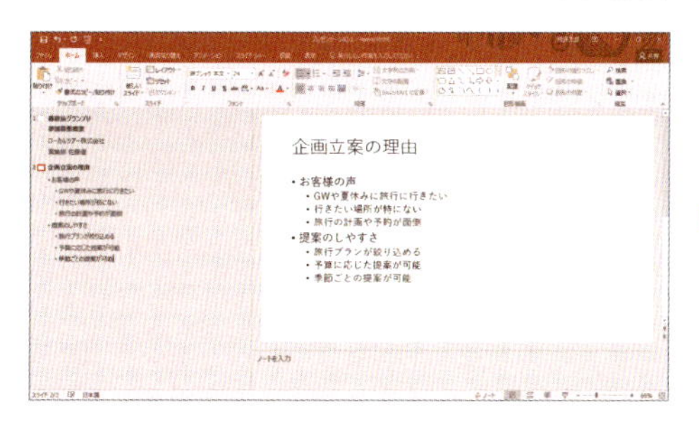

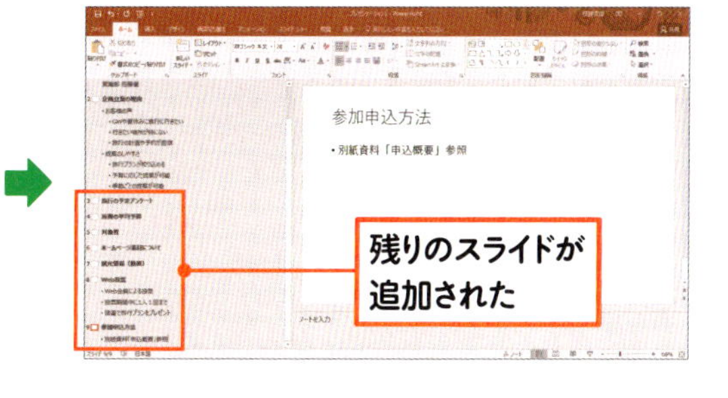

lesson. **7**

スライドの順序を入れ替える

GO ›› P.038

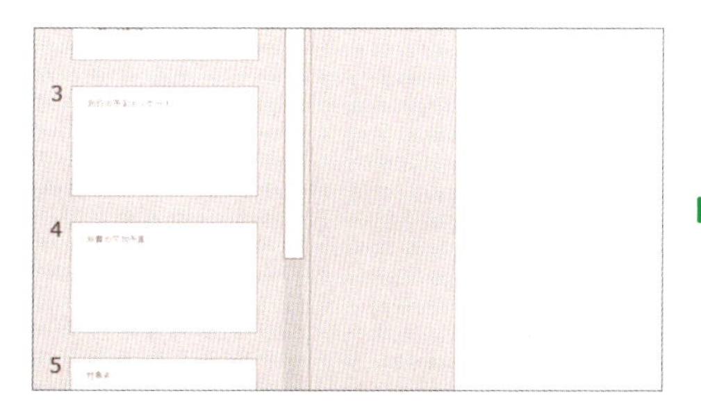

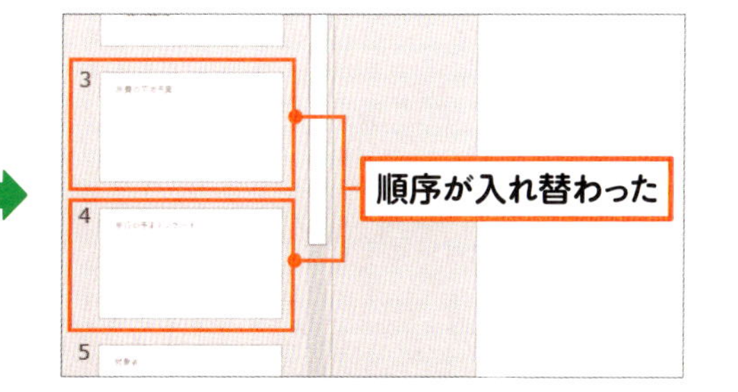

2-1

練習ファイル：なし　完成ファイル：なし

スライドとプレゼンテーションの基本

パワーポイントでは、複数のスライドを含むプレゼンテーション資料を作成できます。ここでは、スライドとは何かを知りましょう。

スライドについて

スライドとは、画面やスクリーンなどに大きく表示する１枚のシートのようなものです。プレゼンテーション本番では、紙芝居のようにスライドをめくりながら説明をしていきます。

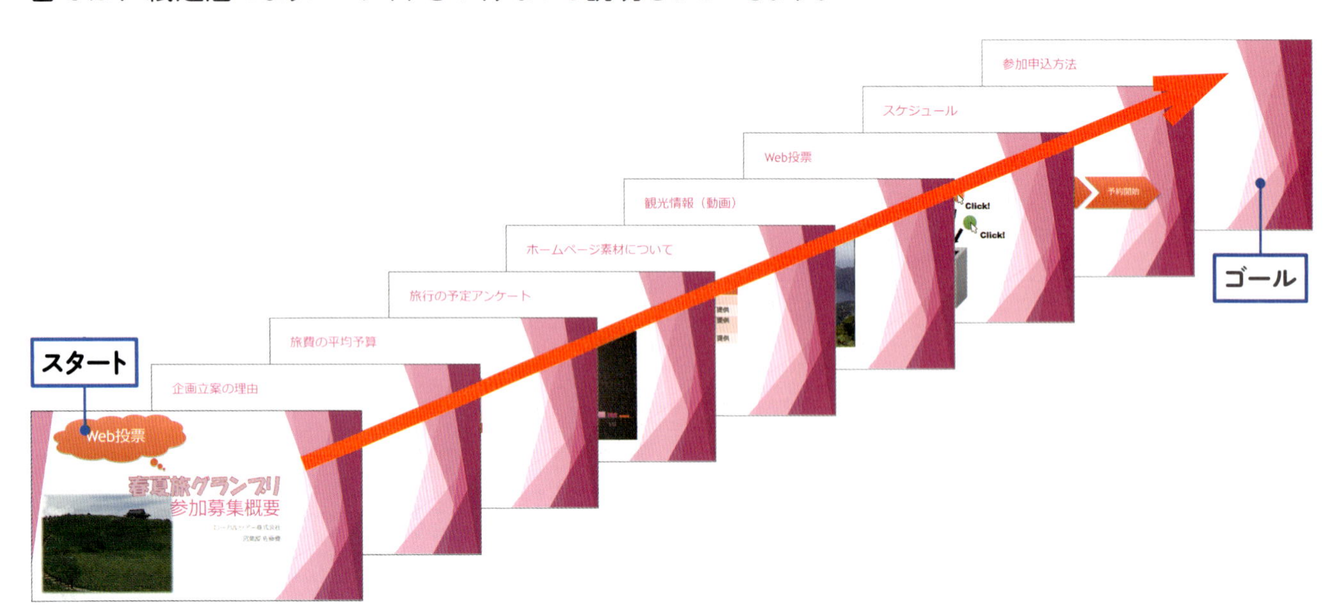

Check! 表示モードについて

パワーポイントでは、スライドを編集する表示モード以外に、プレゼンテーション本番でスライドを順番に表示するスライドショーという表示モードなど、複数の表示モードが用意されています。操作に合わせて表示モードを切り替えながら使用します。

プレゼンテーション資料の作成手順について

パワーポイントでいちからプレゼンテーション資料を作成して、プレゼンテーションを実行するまでには、さまざまな準備が必要です。一般的には、次のような手順で行います。

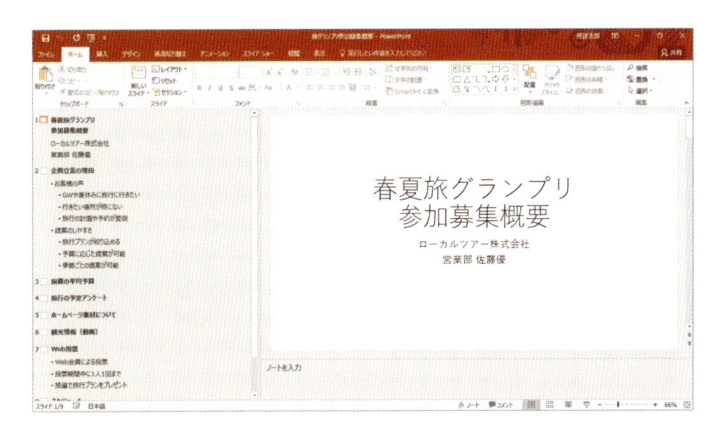

01 骨格を作る

プレゼンテーションで伝えたい内容をわかりやすく伝えられるように、プレゼンテーションのあらすじに合わせてスライドを作成します。箇条書きで内容を入力しながら、スライドを追加できます。

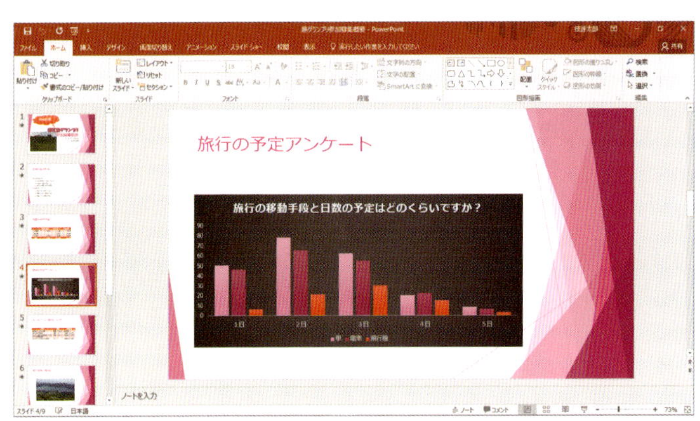

02 スライドの内容を作る

スライドには、文字以外に表やグラフ、図、イラストや写真、動画や音楽などを入れられます。さまざまな素材を活用して、伝えたい内容がわかりやすいように工夫できます。

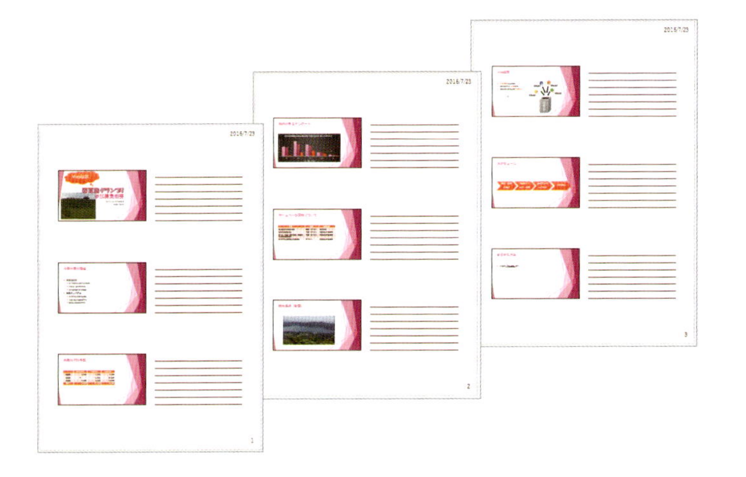

03 配布資料などを準備する

パワーポイントでは、作成したスライドを配布資料として用意する機能や、プレゼン本番で利用する自分用のノートを作成できます。それらの資料を準備しましょう。また、スライドショーを実行してリハーサルを行うなどの準備を整えます。

練習ファイル：なし　完成ファイル：02-02b

lesson.

2-2 スライドに文字を入力しよう

1枚目のタイトルのスライドに、プレゼンテーションのタイトル文字を入力します。プレースホルダーという枠を左クリックして、文字を入力します。

タイトルを入力する

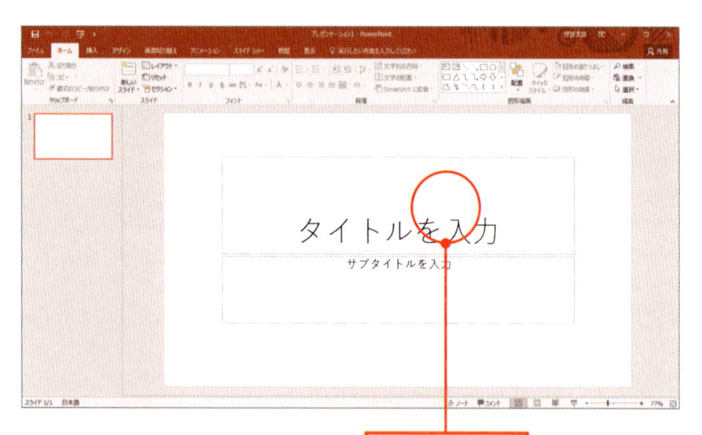

01 プレースホルダーを選択する

「タイトルを入力」と表示されている枠内を左クリックします①。

memo

文字や表、イラストなどを入れる枠のことをプレースホルダーと言います。タイトルのスライドには、あらかじめ2つのプレースホルダーが表示されています。

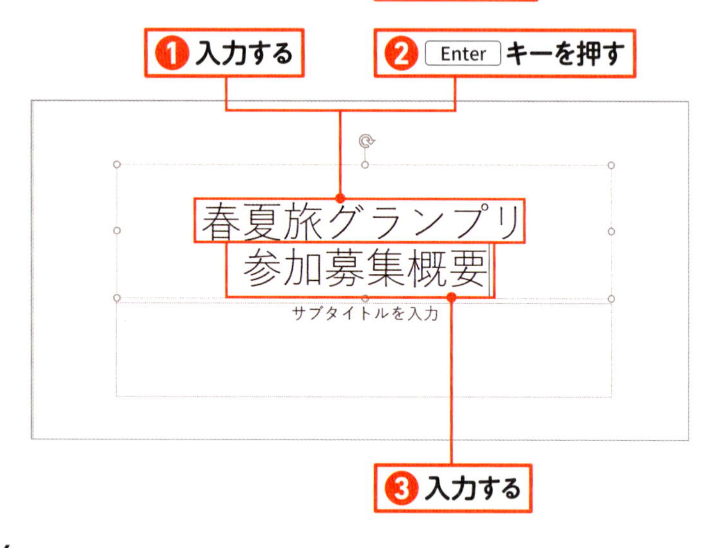

02 文字を入力する

タイトルの文字を入力します①。Enter キーを押します②。続きの文字を入力します③。

サブタイトルを入力する

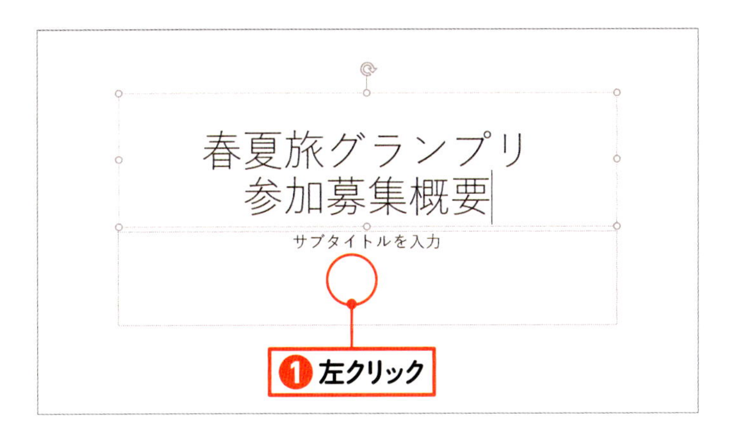

01 プレースホルダーを選択する

「サブタイトルを入力」と表示されている枠内を左クリックします❶。

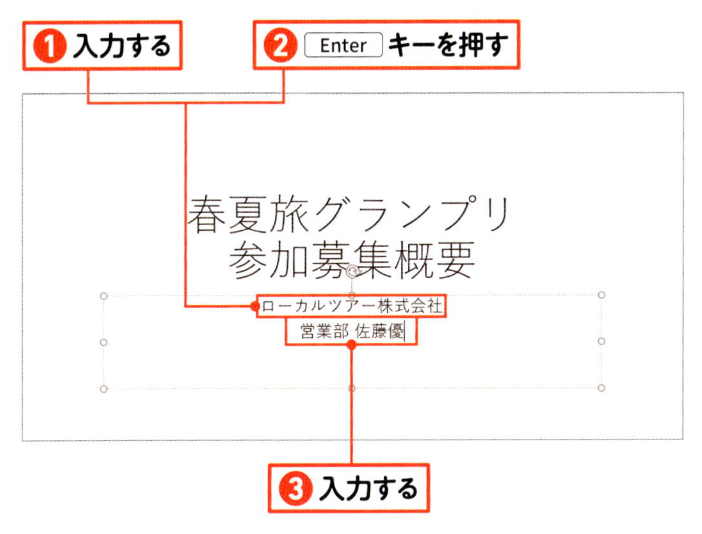

02 文字を入力する

サブタイトルの文字を入力します❶。Enter キーを押します❷。続きの文字を入力します❸。

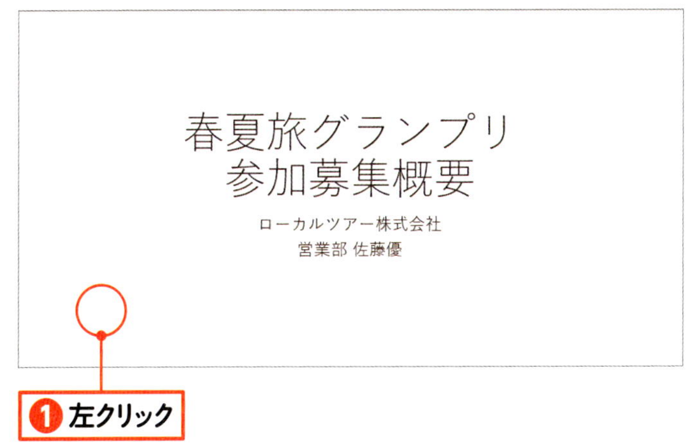

03 文字が入力できた

プレースホルダーの枠以外の空いているところを左クリックします❶。プレースホルダーの選択が解除されます。スライドに文字が入力できました。

練習ファイル : 02-03a　完成ファイル : 02-03b

2-3 スライドを追加しよう

1枚目のタイトルのスライドの後ろに、新しいスライドを追加しましょう。
ここでは、「タイトルとコンテンツ」のスライドを追加します。

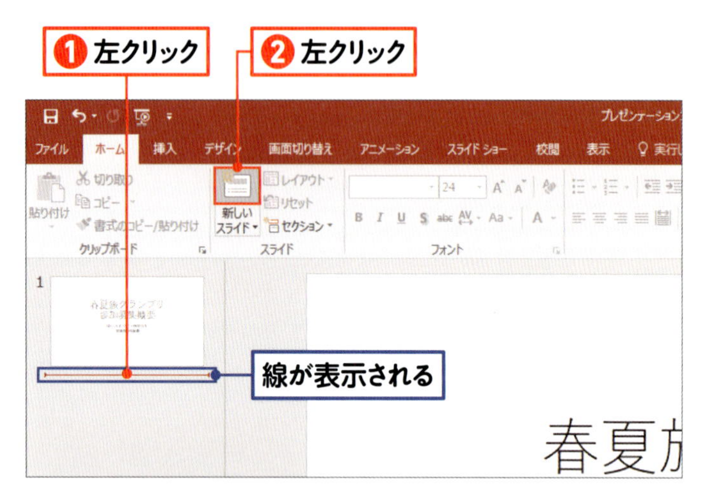

01 追加する場所を指定する

スライドを追加する箇所を左クリックします❶。目安の線が表示されます。［ホーム］タブの ［新しいスライド］ボタン）を左クリックします❷。

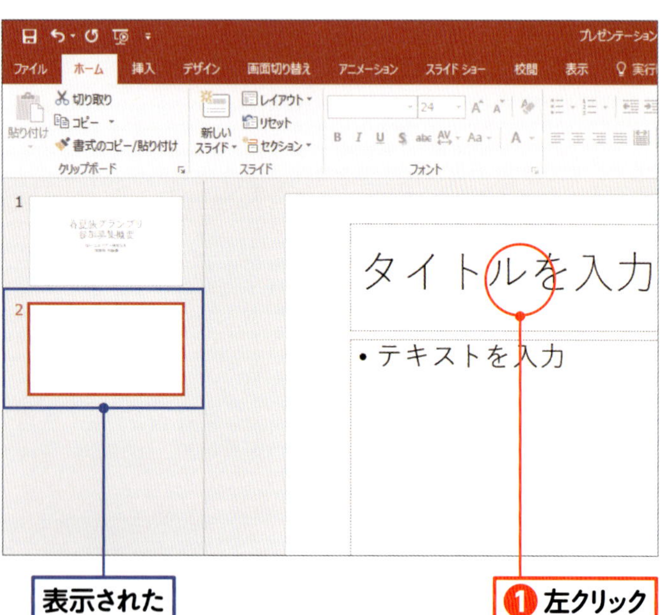

02 スライドが追加された

新しいスライドが追加されます。「タイトルスライド」のあとにスライドを追加すると、タイトルとコンテンツを入れる2つのプレースホルダーを含む「タイトルとコンテンツ」のスライドが追加されます。「タイトルを入力」と書かれているプレースホルダー内を左クリックします❶。

memo

スライドを追加する場所を指定しなかった場合は、選択しているスライドの後ろに新しいスライドが追加されます。

03 タイトルを入力する

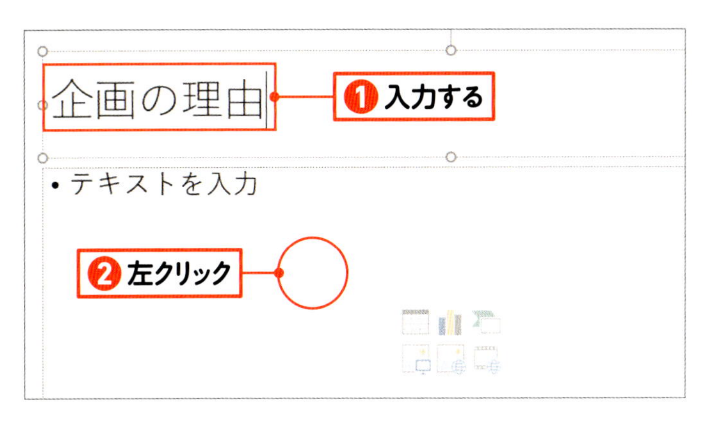

スライドのタイトルを入力します❶。「テキストを入力」と書かれているプレースホルダー内を左クリックします❷。

04 文字を入力する

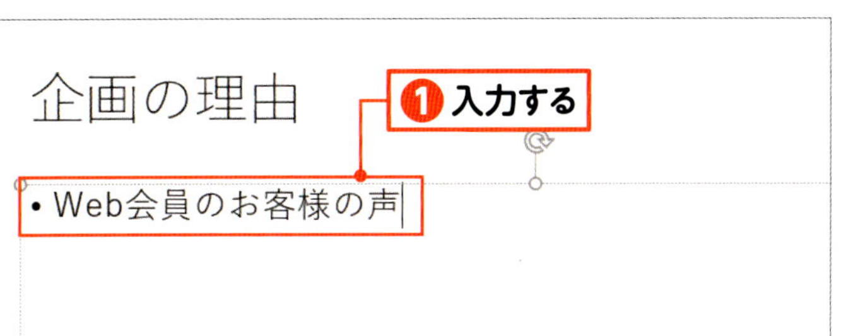

左のように文字を入力します❶。

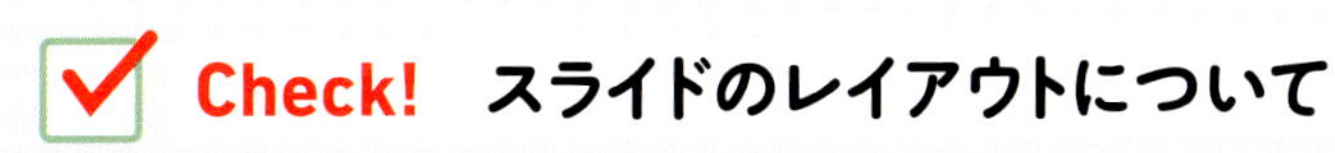

Check! スライドのレイアウトについて

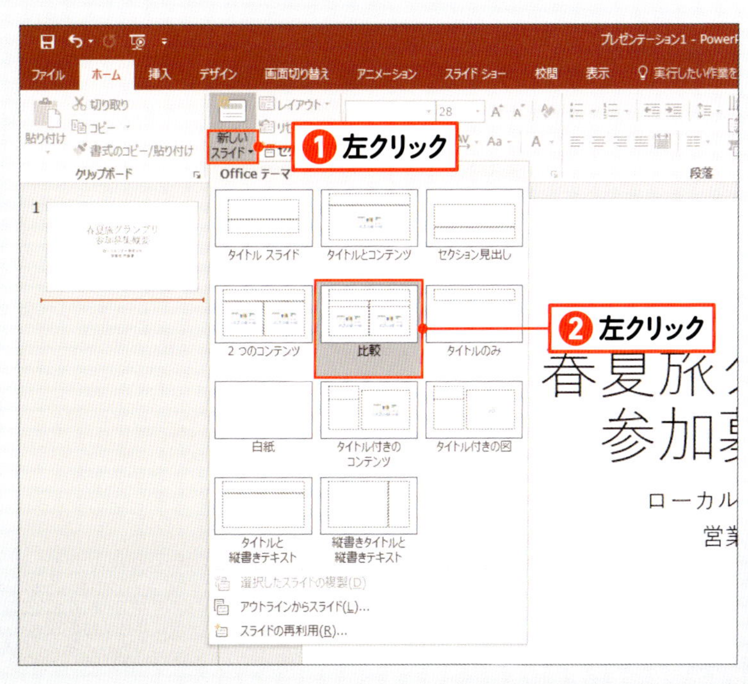

プレースホルダーの配置案のパターンを、スライドレイアウトと言います。手順01で［ホーム］タブの（［新しいスライド］ボタン）下の▼を左クリックすると❶、スライドのレイアウト一覧が表示されます。レイアウトを左クリックすると❷、指定したレイアウトのスライドを追加できます。

練習ファイル：02-04a　完成ファイル：02-04b

2-4 文字を削除／挿入しよう

ここでは、プレースホルダーに入力した文字を修正します。
文字を削除したり、新しく文字を追加したりします。

文字を削除する

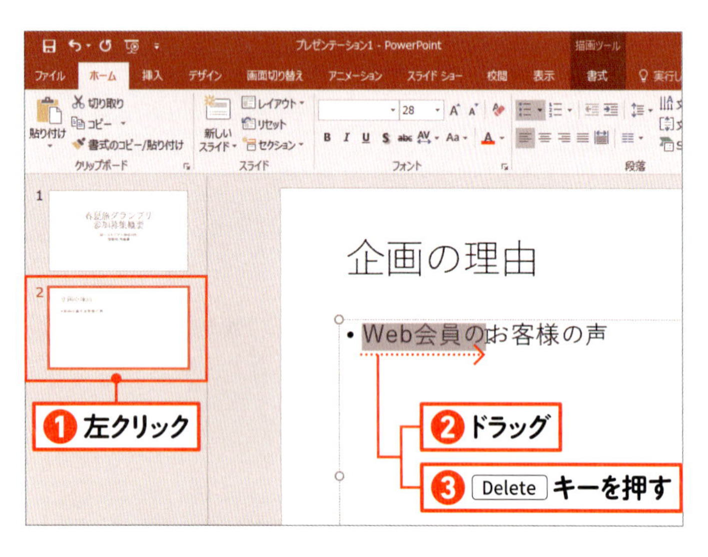

01 文字を選択する

2枚目のスライドを左クリックします❶。削除する文字の左端にマウスポインターを移動し、消したい文字をドラッグして選択します❷。 Delete キーを押します❸。

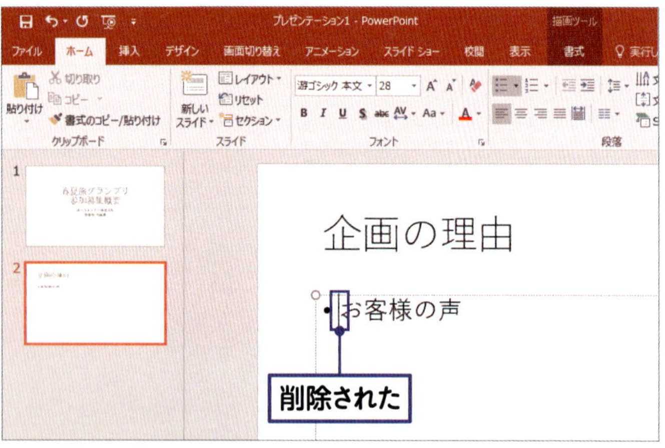

02 文字が削除された

選択していた文字が削除されます。

memo

文字を削除するには、消したい文字の左側を左クリックして Delete キーを押す方法もあります。 Delete キーを押すたびに1文字ずつ削除できます。また、 Back space キーを押すと、文字カーソルの左の文字が削除されます。

文字を追加する

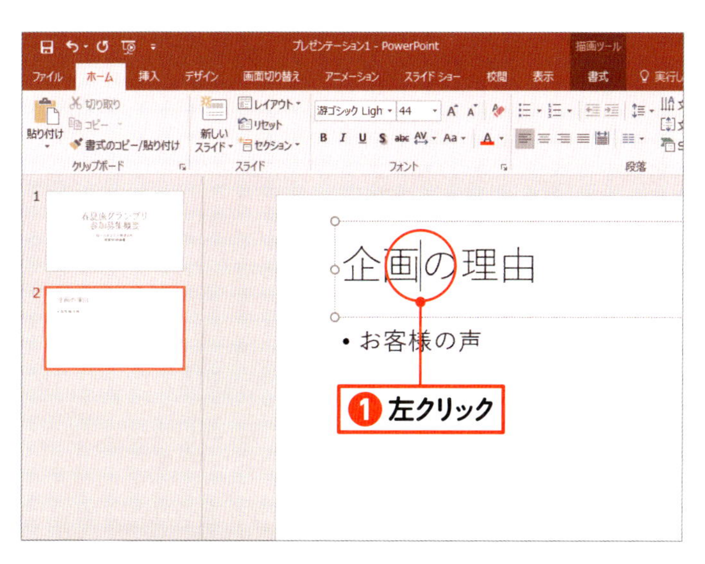

文字カーソルを移動する

文字を追加する場所を左クリックします❶。文字カーソルが表示されます。

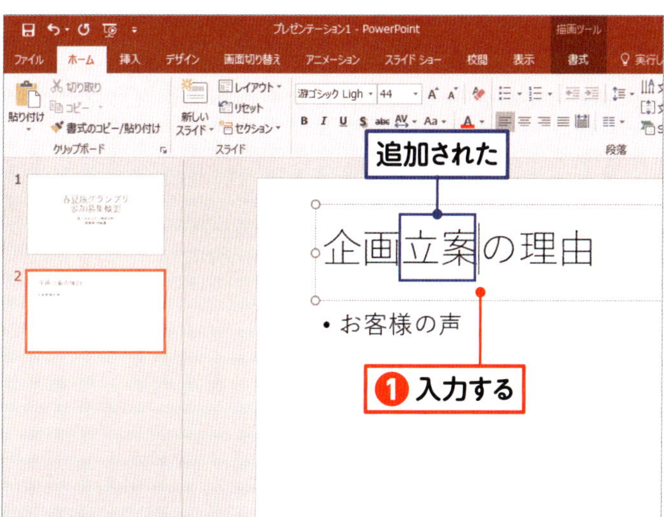

文字を追加する

文字を入力します❶。文字カーソルの位置に文字が表示されます。

Check! 操作を元に戻す

間違った操作をしたときなどは、操作を元に戻すことができます。それには、間違った操作をした直後にクイックアクセスツールバーの [元に戻す] ボタン）を左クリックします。左クリックするたびに、遡って操作をキャンセルすることができます。また、元に戻し過ぎてしまった場合は、（[繰り返し] ボタン）を左クリックします。すると、操作を元に戻す前の状態に戻せます。

2-5 階層を付けた箇条書きを入力しよう

スライドに箇条書きの文字を入力します。
大見出し、小見出しのように箇条書きの階層を指定しながら文字を入力します。

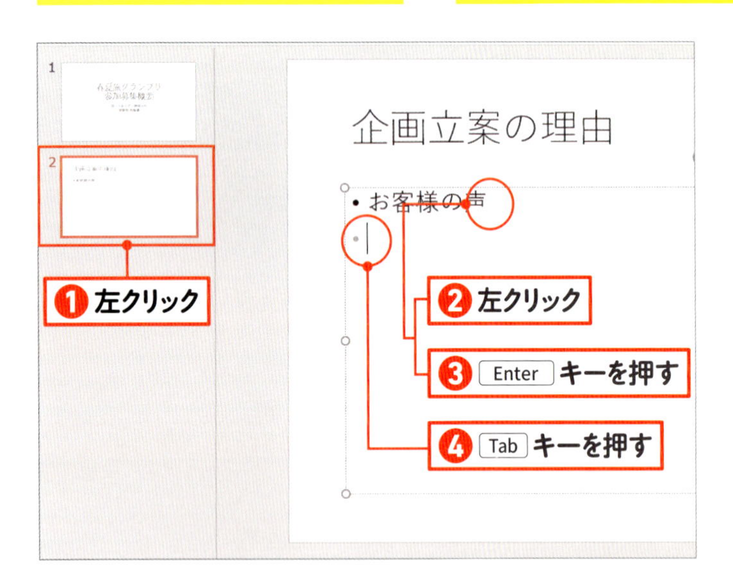

01 項目を入力する準備をする

2枚目のスライドを左クリックします❶。項目の末尾を左クリックし❷、Enter キーを押します❸。次の行の行頭に文字カーソルが移動します。行頭で Tab キーを押します❹。

memo

行頭で Tab キーを押すと、箇条書きの項目の階層のレベルが下がります。レベルは9段階まで設定できます。

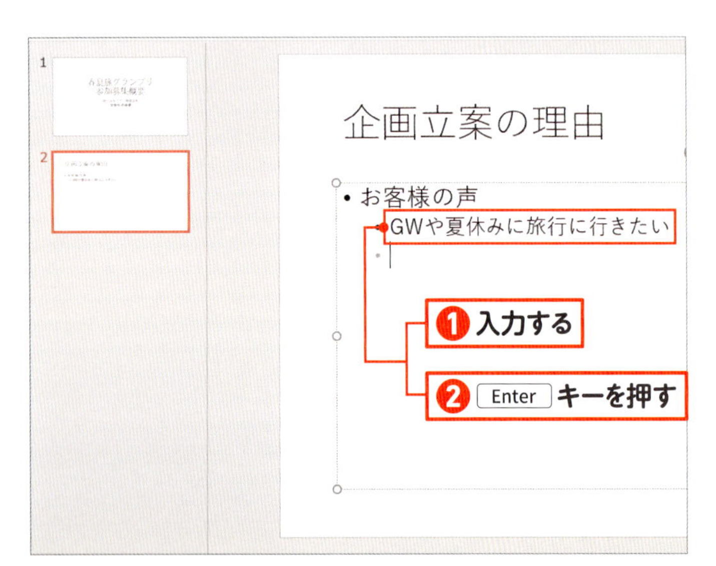

02 下の階層の文字を入力する

文字の先頭位置が下がります。文字を入力します❶。Enter キーを押します❷。次の行に文字カーソルが移動します。文字の先頭位置は前の項目と同じ位置になります。

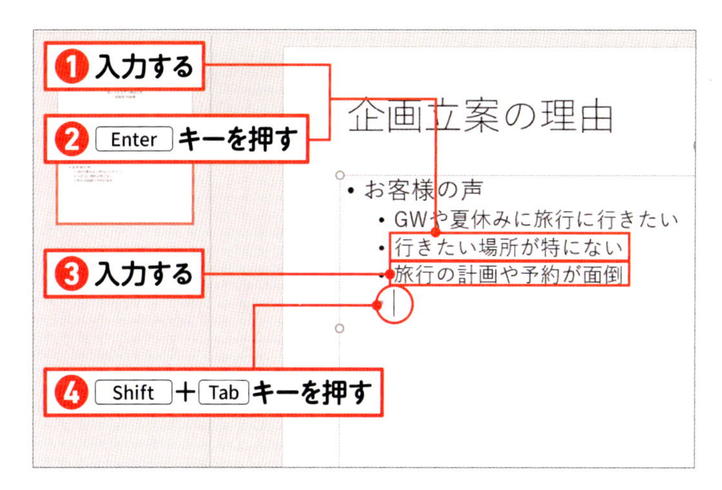

03 項目を入力する

項目を入力して❶、Enter キーを押します❷。同様に、項目を入力します❸。次の行の行頭で Shift ＋ Tab キーを押します❹。

memo

行頭で Shift ＋ Tab キーを押すと、箇条書きの項目の階層のレベルが上がります。

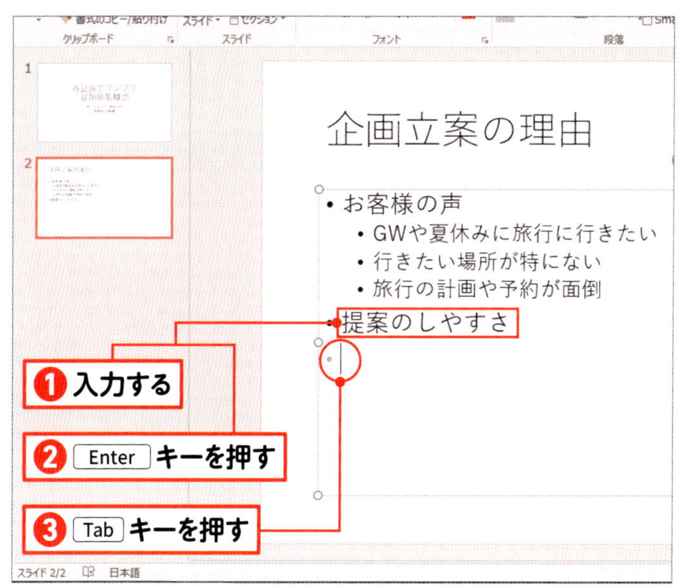

04 上の階層の文字を入力する

項目の階層のレベルが上がります。文字を入力し❶、Enter キーを押します❷。Tab キーを押します❸。

memo

項目の階層のレベルを下げるには、項目内を左クリックして［ホーム］タブの（［インデントを増やす］ボタン）を左クリックする方法もあります。また、項目の階層のレベルを上げるには、項目内を左クリックして［ホーム］タブの（［インデントを減らす］ボタン）を左クリックする方法もあります。

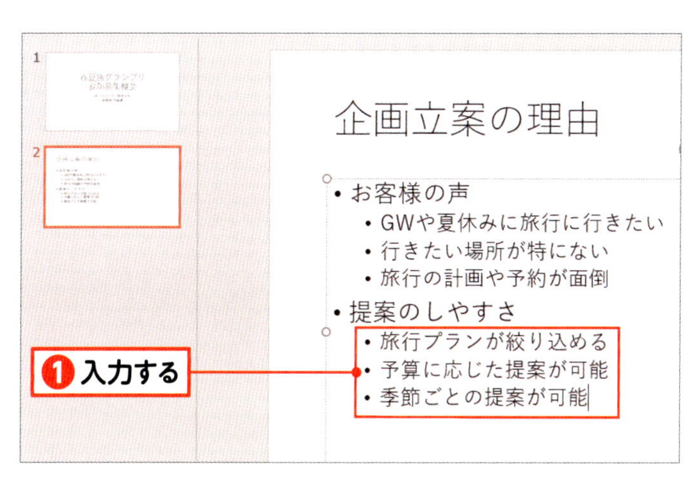

05 続きの文字を入力する

文字の先頭位置が下がります。Enter キーで改行しながら左のように文字を入力します❶。

memo

箇条書きの項目を入れ替えるには、行頭の記号にマウスポインターを移動して、移動先に向かって上下にドラッグします。

2-6 プレゼンテーションの構成を考えよう

練習ファイル：02-06a　完成ファイル：02-06b

プレゼンテーションのあらすじに沿って複数のスライドを準備します。ここでは、アウトライン表示モードに切り替えて操作します。

アウトライン表示モードにする

企画立案の理由

- お客様の声
  - GWや夏休みに旅行に行きたい
  - 行きたい場所が特にない
  - 旅行の計画や予約が面倒
- 提案のしやすさ
  - 旅行プランが絞り込める
  - 予算に応じた提案が可能
  - 季節ごとの提案が可能

ノート　コメント

01 表示モードを切り替える

画面下の［標準］ボタン）を左クリックします❶。

memo

アウトライン表示に切り替えるには、［表示］タブの（［アウトライン表示］ボタン）を押す方法もあります。

春夏旅グランプリ
参加募集概要

ローカルツアー株式会社
営業部 佐藤優

表示された

ノートを入力

1 左クリック

ノート　コメント

02 アウトライン表示にする

ノート欄が表示されます。もう一度、画面下の（［標準］ボタン）を左クリックします❶。

memo

ノート欄が既に表示されている場合は、手順01の操作だけでアウトライン表示に切り替わります。なお、ノート欄を表示するには、画面下の（［ノート］ボタン）を左クリックする方法もあります。

構成を考える

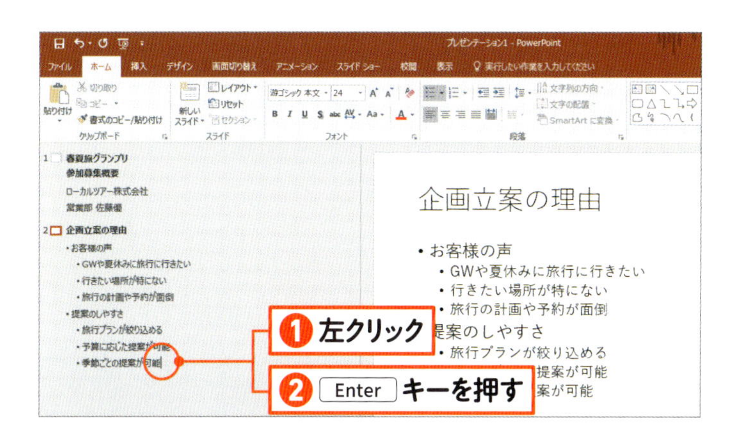

01 項目の末尾を選択する

アウトライン表示の画面では、左側にスライドのタイトルや箇条書きの文字が表示されます。左側の２枚目のスライドの項目の末尾を左クリックします❶。Enter キーを押して改行します❷。

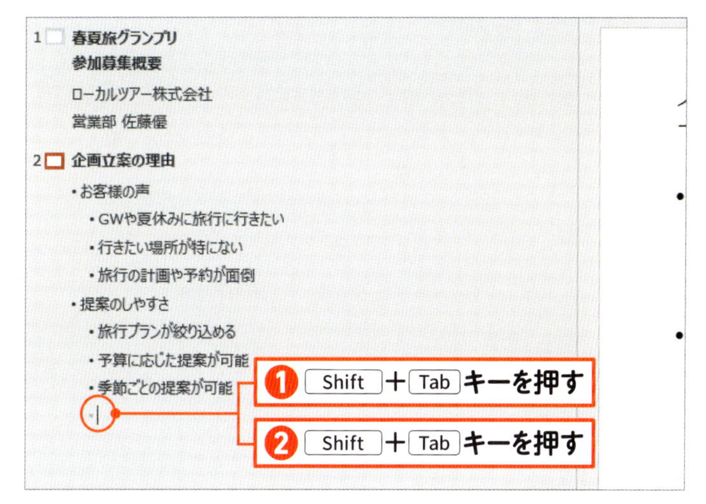

02 新しいスライドを追加する

次の行の行頭に文字カーソルが移動します。Shift ＋ Tab キーを押します❶。もう一度、Shift ＋ Tab キーを押します❷。

memo

箇条書きのレベル２の項目の行頭に文字カーソルがある状態で Shift ＋ Tab キーを押すと、箇条書きのレベルが１つ上がり、レベル１の項目になります。

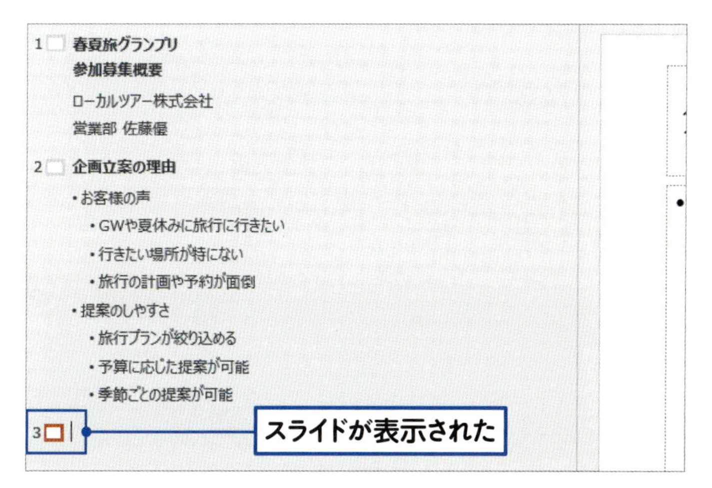

03 スライドが追加された

新しいスライドが追加されます。

memo

箇条書きの一番上のレベルの行頭に文字カーソルがある状態で、Shift ＋ Tab キーを押すと、新しいスライドが追加されます。

タイトルを入力する

スライドのタイトルを入力します❶。 Enter キーを押します❷。

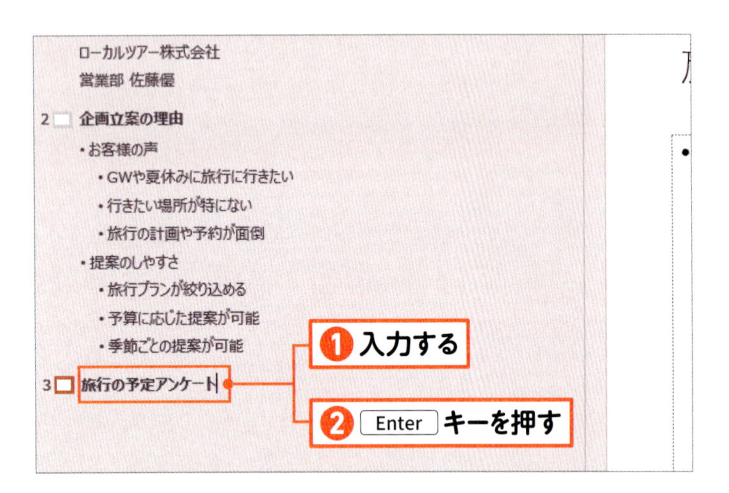

スライドを追加する

新しいスライドが追加されます。スライドタイトルを入力します❶。 Enter キーを押します❷。同様の方法でスライドを追加しながら、スライドのタイトルを入力します❸。9枚目のスライドの行頭で Tab キーを押します❹。

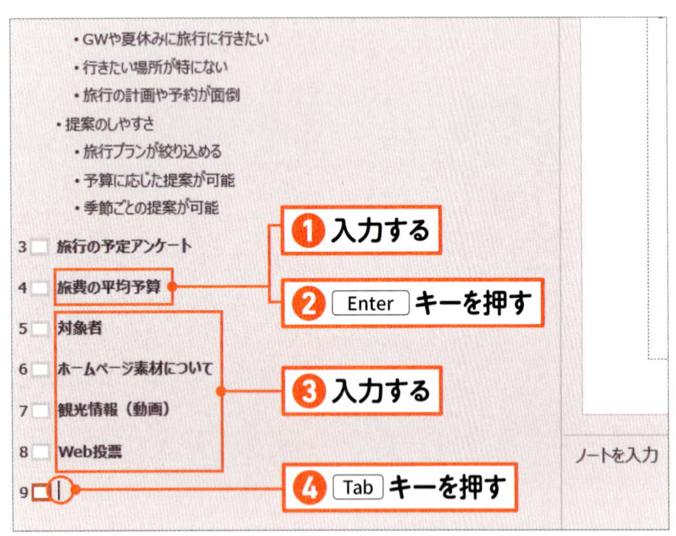

箇条書き項目を入力する

箇条書きのレベル1の項目の行頭に文字カーソルが移動します。

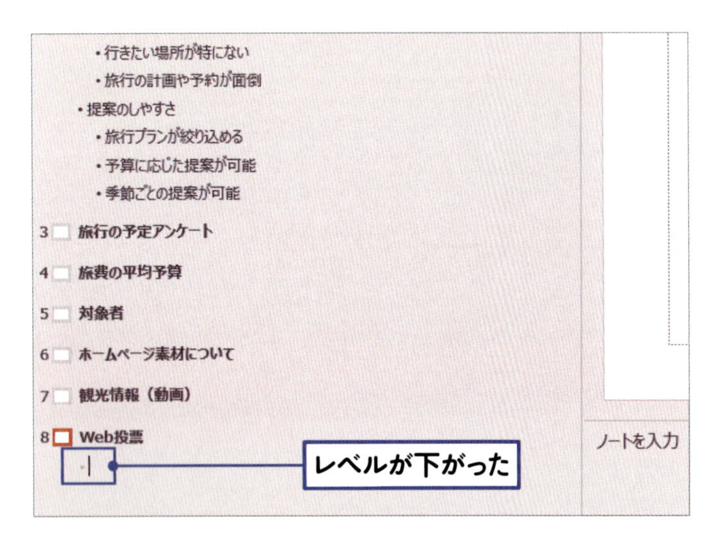

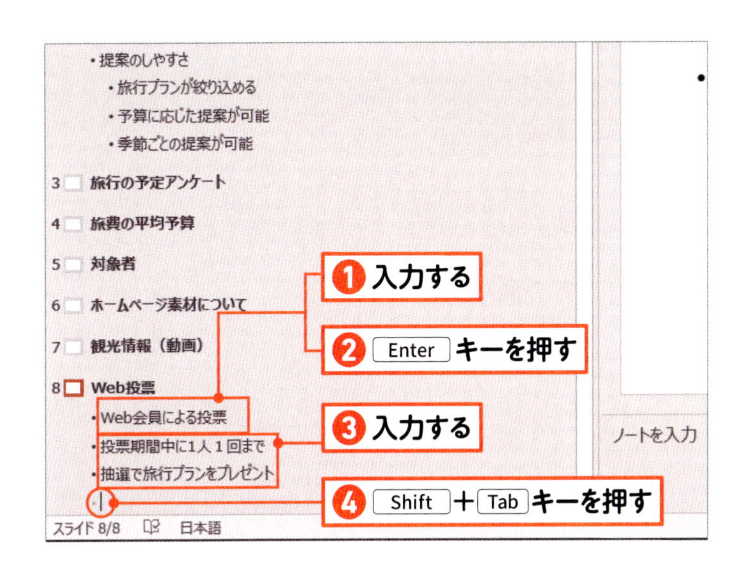

07 続きの項目を入力する

項目を入力します❶。Enter キーを押します❷。同様に、改行しながら、項目を入力します❸。行頭で Shift ＋ Tab キーを押します❹。

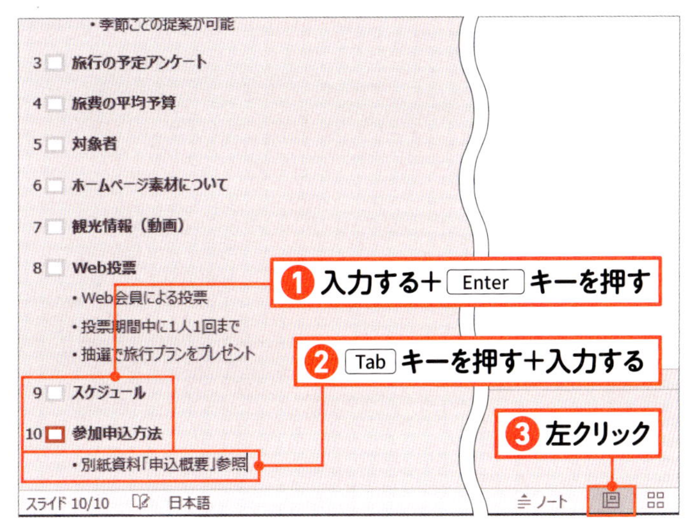

08 スライドが追加された

新しいスライドが追加されます。スライドタイトルを入力し、Enter キーを押す操作を繰り返します❶。Tab キーを押して、箇条書きの項目を入力します❷。画面下の（［標準］ボタン）を左クリックします❸。

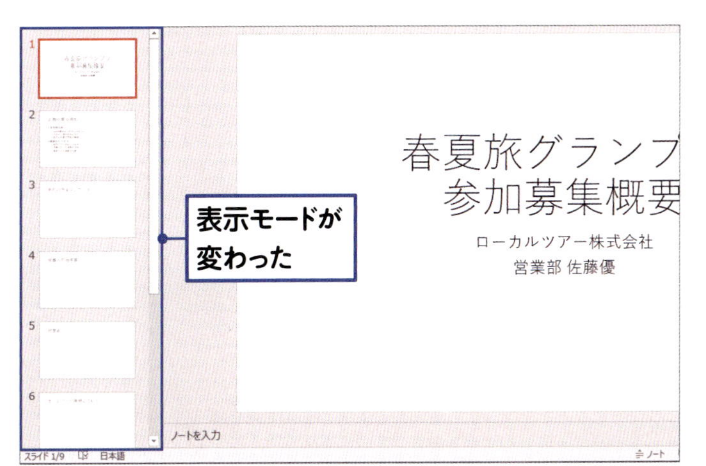

09 複数のスライドが追加された

標準の表示モードに戻ります。アウトライン表示で追加した複数のスライドが表示されます。

2-7 スライドの順序を入れ替えよう

スライドの表示順は、あとから簡単に入れ替えられます。
プレゼンテーションで説明する順番に合わせて表示順を指定します。

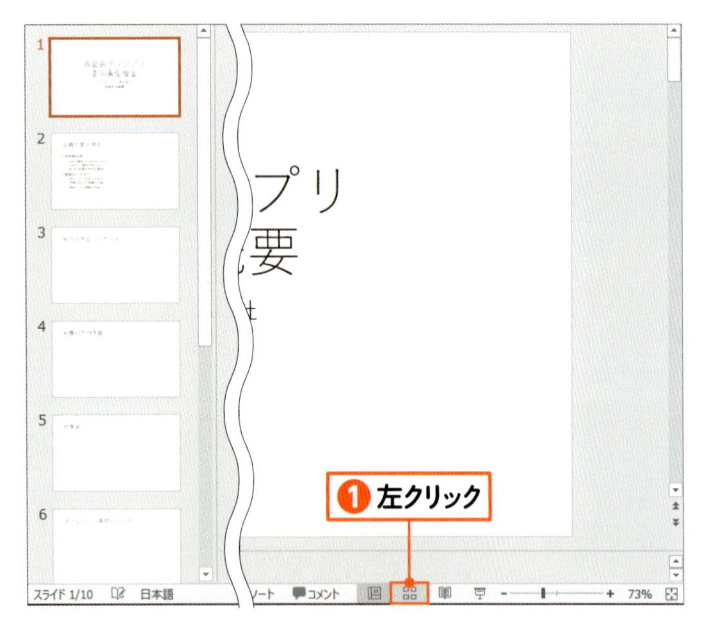

01 スライド一覧表示にする

画面下の ⊞ （［スライド一覧］ボタン）を左クリックします❶。

memo

スライド一覧表示は、スライドの縮小図を一覧表示する表示モードです。スライドの順番を変更したり、スライド全体の構成を確認したりするときに利用すると便利です。

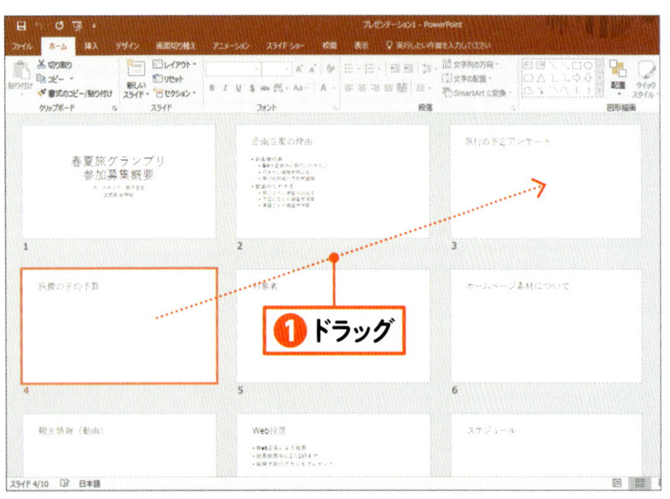

02 スライドを入れ替える

順番を入れ替えるスライドにマウスポインターを移動し、移動先に向かってドラッグします❶。

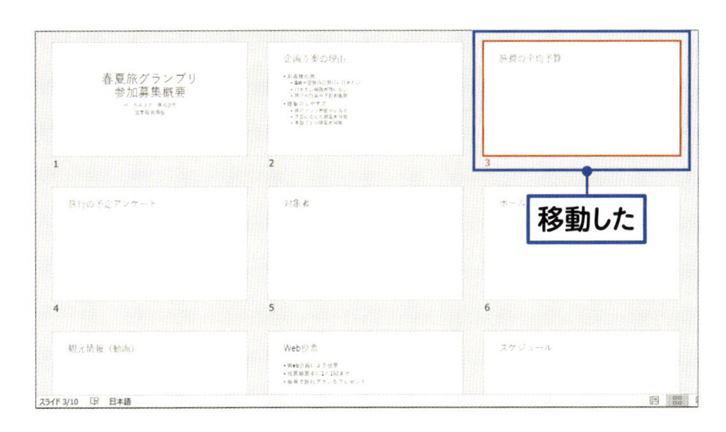

順番が変わった

スライドの順番が入れ替わりました。

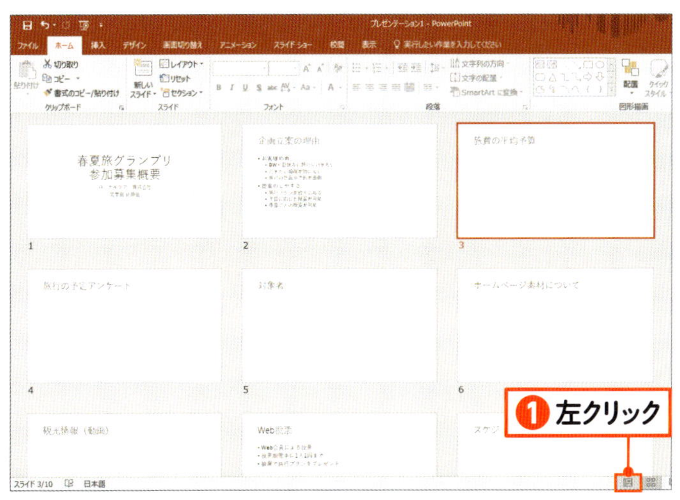

標準表示にする

画面下の （［標準］ボタン）を左クリックします❶。すると、元の表示に戻ります。

Check! 標準表示で順番を変更する

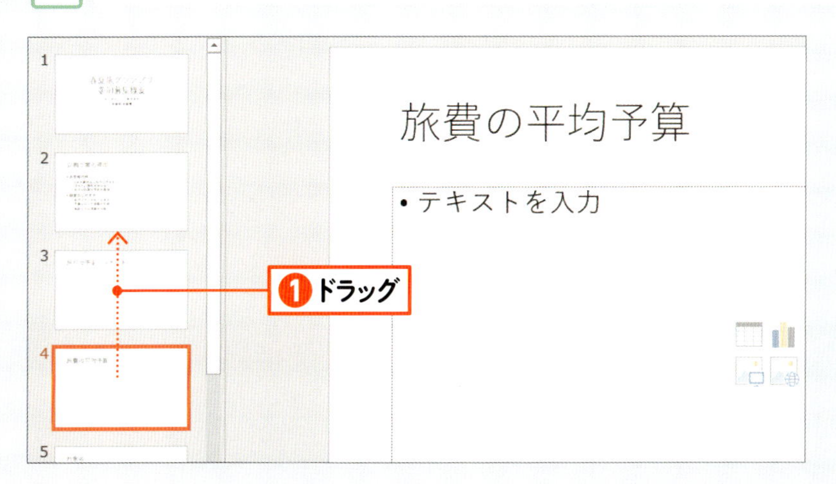

標準表示モードでも、スライドを簡単に入れ替えられます。左側に表示されているスライドの縮小図を、移動先に向かってドラッグします❶。

lesson.

2-8 スライドを削除しよう

不要になったスライドを削除する方法を知りましょう。
あとでまた使う可能性がある場合は、非表示にする方法もあります。

01 削除するスライドを選択する

削除するスライドを左クリックします❶。

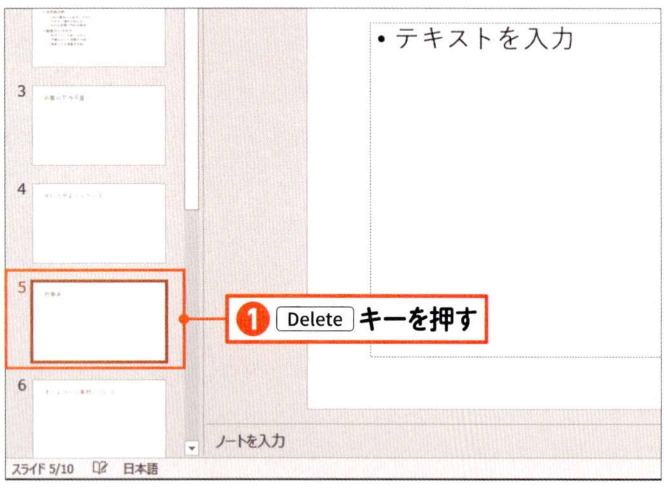

02 スライドを削除する

削除するスライドが選択されました。Delete キーを押します❶。

memo

左側のスライド一覧からスライドを左クリックして選択すると、中央に選択したスライドの内容が表示されます。

選択していたスライドが削除されました。

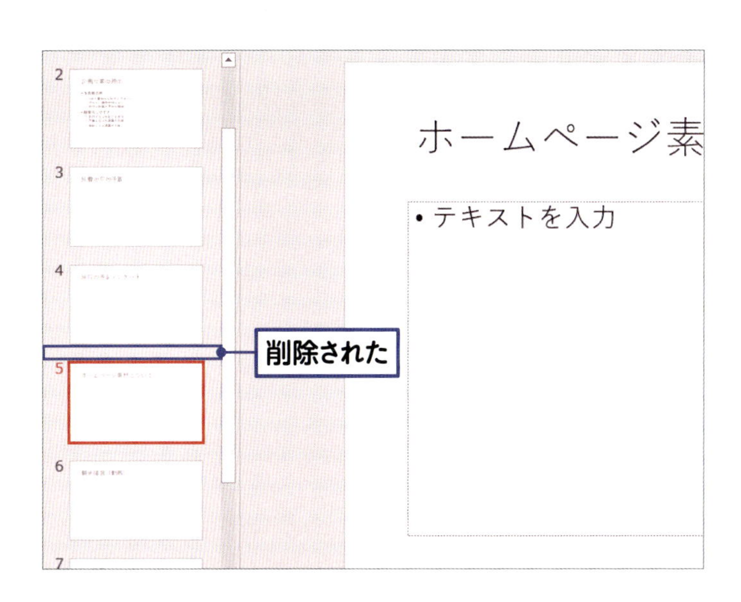

Check! スライドを非表示にする

不要なスライドでも、あとでまた使う可能性がある場合は、スライドを削除するのではなく非表示にしておくとよいでしょう。非表示スライドは、スライドショー（152ページ参照）では表示されません。非表示スライドにするには、スライドを右クリックし❶、表示されるメニューの 非表示スライドに設定(H) を左クリックします❷。非表示スライドを解除して元に戻すには、非表示スライドを右クリックし、表示されるメニューの 非表示スライドに設定(H) を左クリックします。

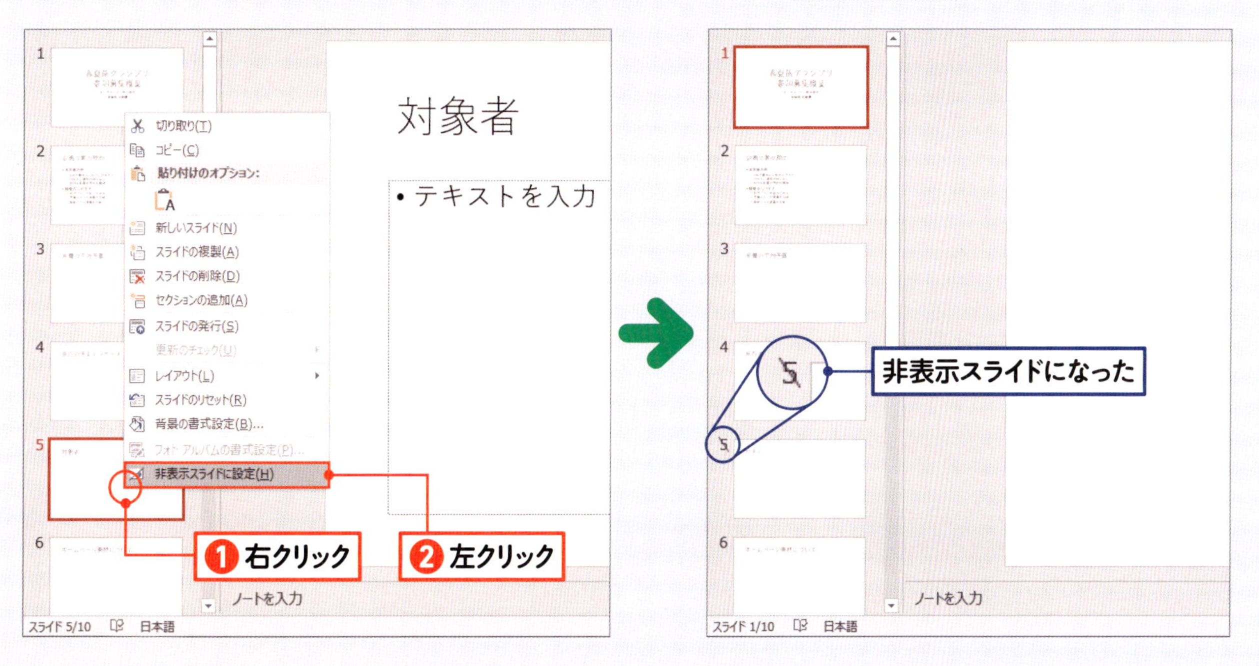

第2章　練習問題

1

新しいスライドを追加するときに左クリックするボタンはどれですか？

① レイアウト　　② リセット　　③ 

2

アウトライン表示に切り替えるときに左クリックするボタンはどれですか？

① 　　②　　③

3

アウトライン表示で、箇条書きのレベルを下げるにはどのキーを使いますか？

① スペース キー　　② Tab キー　　③ → キー

Chapter

3

スライドのデザインを変更しよう

この章では、スライドの見た目を整える方法を紹介します。まずは、プレゼンテーションの内容に合わせて、デザインのテーマや配色などを選びましょう。また、強調したい文字が目立つように、文字の形や大きさ、色を変更したり、文字に飾りを付けたりします。

›› Visual Index

Chapter 3

スライドのデザインを変更しよう

lesson. 1 スライドのデザインを決める

GO ›› P.046

春夏旅グランプリ
参加募集概要
ローカルツアー株式会社
営業部 佐藤優

春夏旅グランプリ
参加募集概要

テーマが
適用された

lesson. 2 バリエーションを変更する

GO ›› P.048

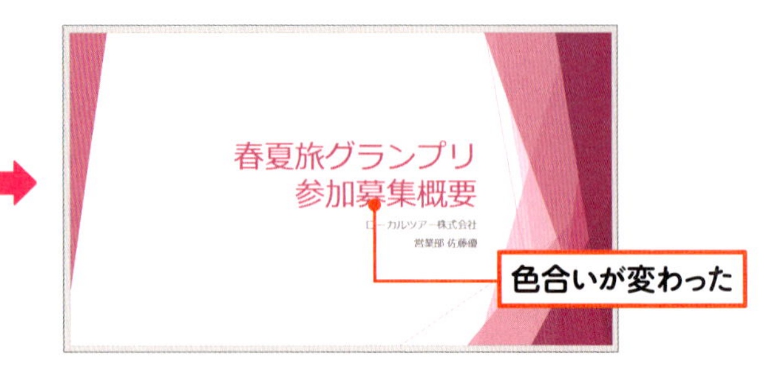

lesson. 3 文字の大きさや形を変更する

GO ›› P.050

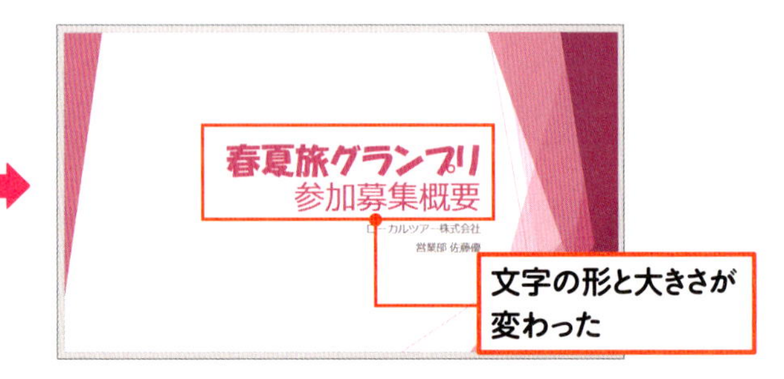

lesson. 4

文字の色を変更する

GO ›› P.052

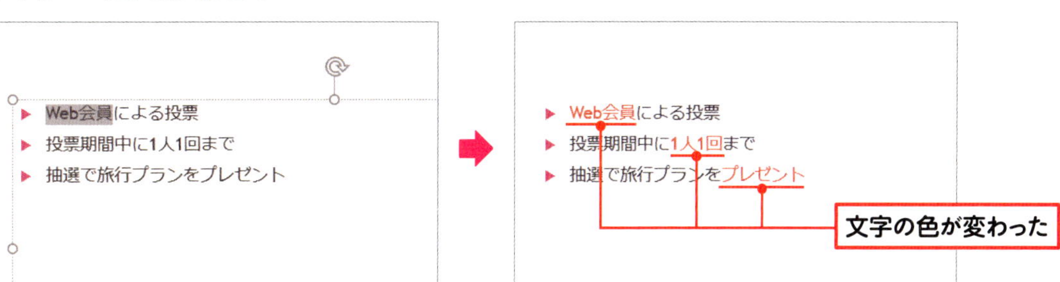

lesson. 5

文字を装飾する

GO ›› P.054

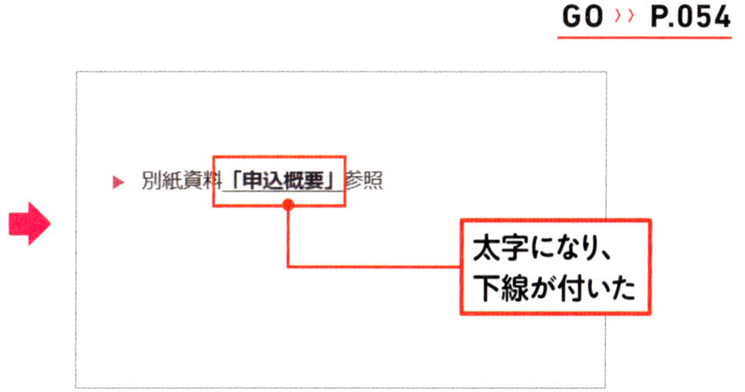

lesson. 6

文字のスタイルを変更する

GO ›› P.056

lesson. 7

箇条書きの先頭の記号を変更する

GO ›› P.058

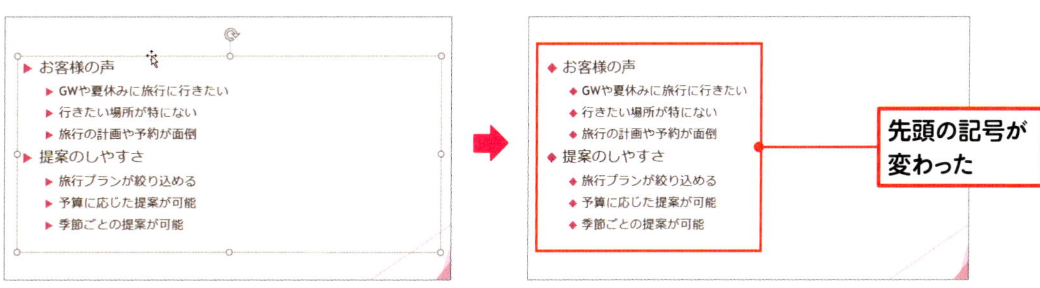
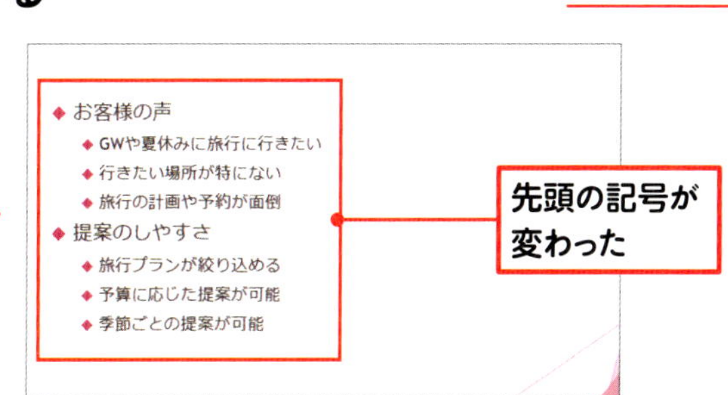

lesson. **4**

文字の色を変更する

GO ›› P.052

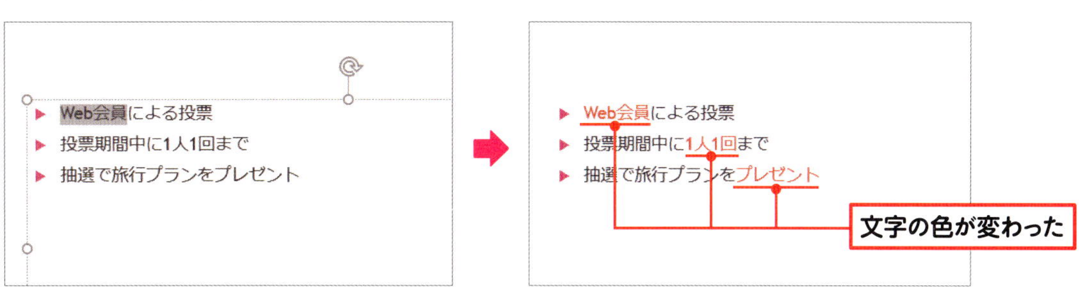

lesson. **5**

文字を装飾する

GO ›› P.054

別紙資料「申込概要」参照

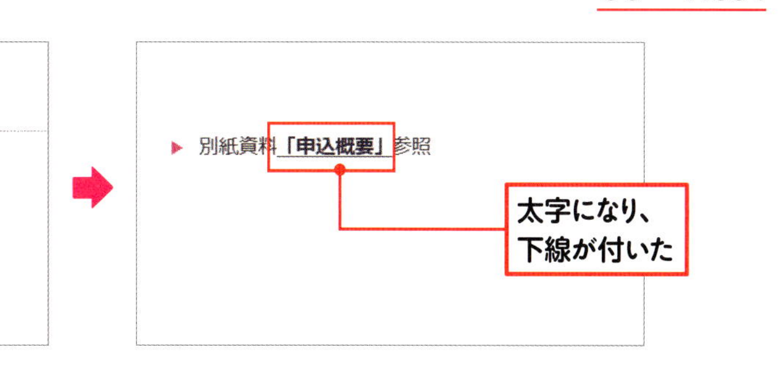

lesson. **6**

文字のスタイルを変更する

GO ›› P.056

春夏旅グランプリ
参加募集概要
ローカルツアー株式会社
営業部 佐藤優

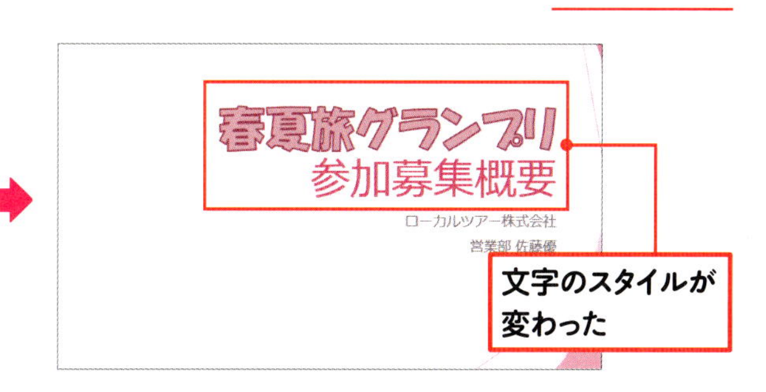

lesson. **7**

箇条書きの先頭の記号を変更する

GO ›› P.058

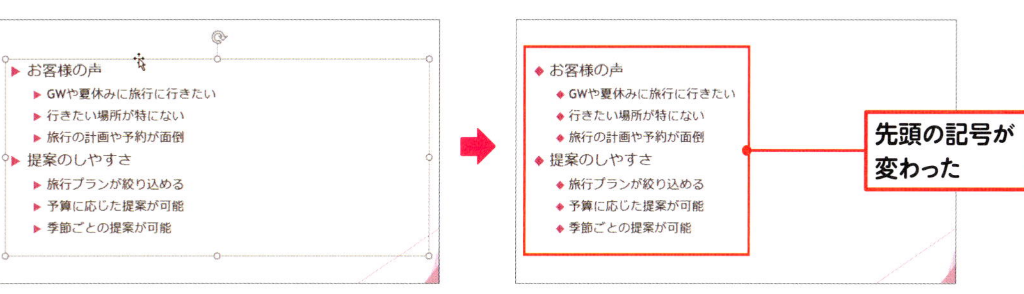

練習ファイル：03-1a　完成ファイル：03-01b

3-1 スライドのデザインを決めよう

スライドの背景や文字の形や大きさなど、スライドのデザインを指定しましょう。テーマを選択するだけで、全体のデザインを簡単に整えられます。

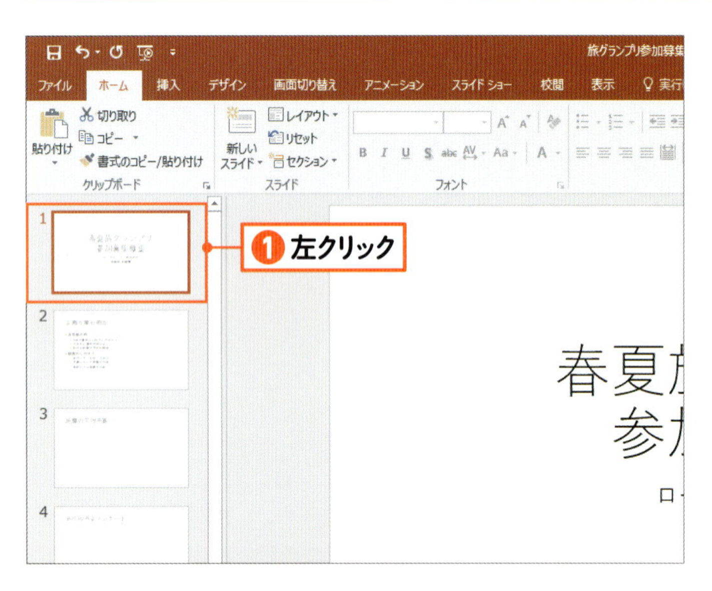

01 スライドを選択する

1枚目のスライドを左クリックして選択します❶。

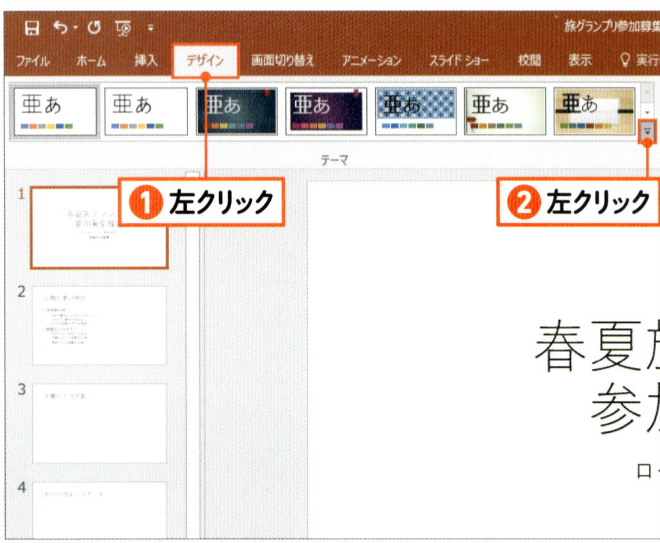

02 テーマを表示する

［デザイン］タブを左クリックします❶。テーマの ▿（［その他］ボタン）を左クリックします❷。

memo

テーマとは、スライドの背景やスライドで使用する色の組み合わせ、フォントや図形の質感などのデザインの組み合わせに名前を付けて登録したものです。

3-1

練習ファイル：03-1a　完成ファイル：03-01b

スライドのデザインを決めよう

スライドの背景や文字の形や大きさなど、スライドのデザインを指定しましょう。テーマを選択するだけで、全体のデザインを簡単に整えられます。

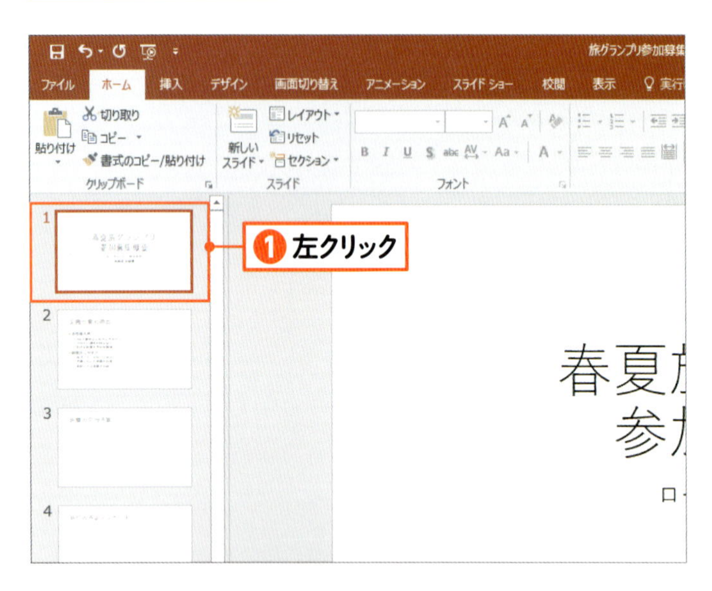

01 スライドを選択する

1枚目のスライドを左クリックして選択します❶。

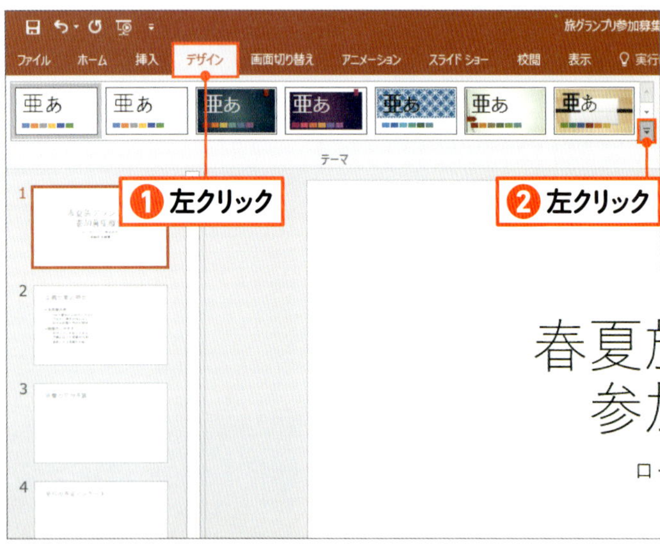

02 テーマを表示する

［デザイン］タブを左クリックします❶。テーマの（［その他］ボタン）を左クリックします❷。

memo

テーマとは、スライドの背景やスライドで使用する色の組み合わせ、フォントや図形の質感などのデザインの組み合わせに名前を付けて登録したものです。

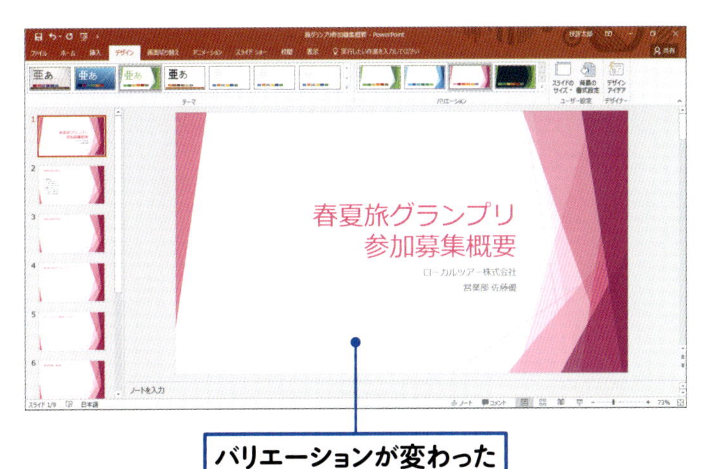

03 バリエーションが変わった

バリエーションが変わりました。色合いなどが変更されます。

Check! 背景や色の組み合わせなどを変更する

スライドの背景の色や、スライドで使用する色の組み合わせなどを個別に指定するには、バリエーションの ▽（［その他］ボタン）を左クリックします❶。続いて表示される画面で配色や背景のスタイルなどを指定します。たとえば、 背景のスタイル にマウスポインターを移動すると❷、背景を左クリックして背景だけを変更したりできます❸。

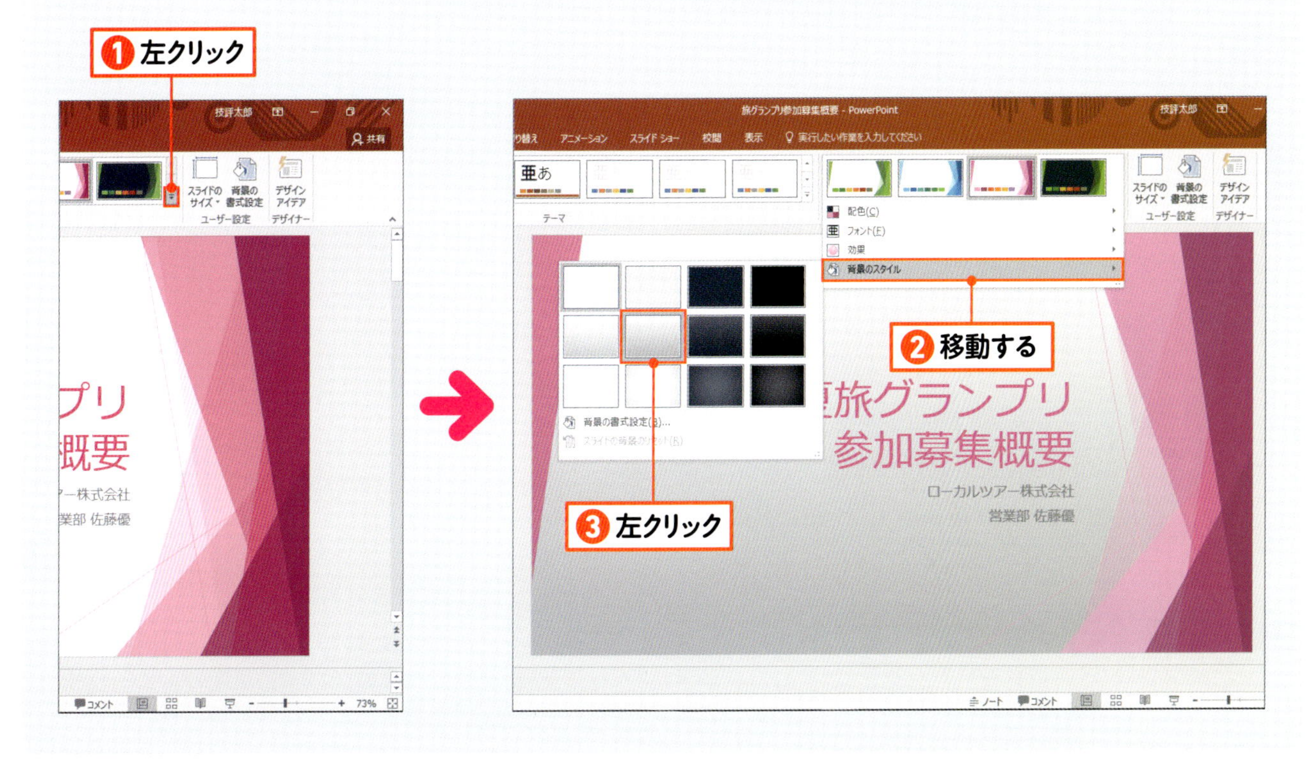

3-3

文字の形や大きさを調整しよう

タイトルの文字の形（フォント）や大きさを変更します。
まず変更したい文字を選択してから、形や大きさを選びましょう。

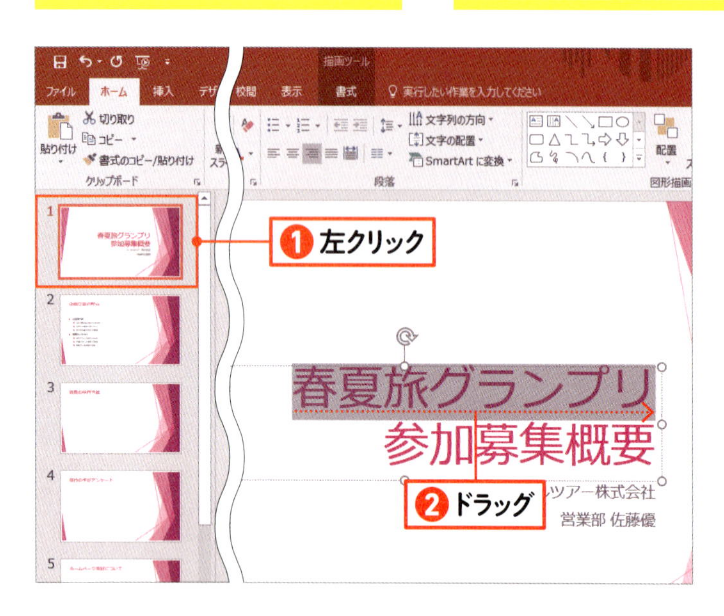

01 文字を選択する

文字が入力されているスライドを左クリックします❶。文字の形を変更する文字をドラッグして選択します❷。

memo

タイトルが入力されているプレースホルダー内の文字の形や大きさをまとめて指定するには、プレースホルダーの外枠部分を左クリックしてプレースホルダー全体を選択してから文字の形や大きさを変更します。

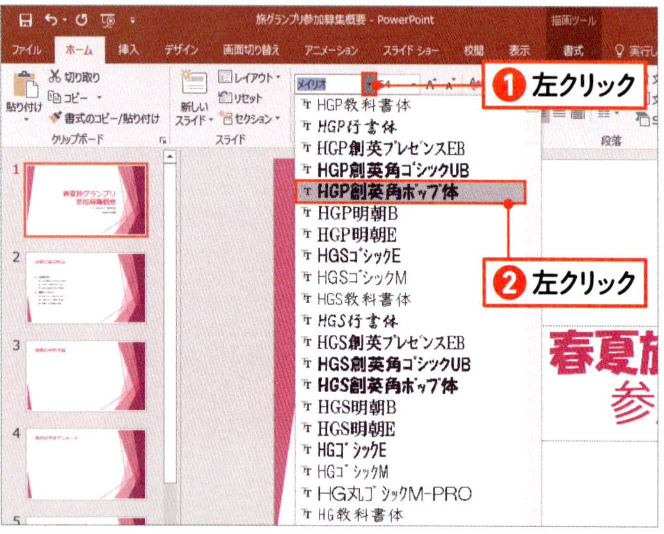

02 文字の形を指定する

［ホーム］タブの メイリオ 見出し （［フォント］ボタン）右側の▼を左クリックします❶。文字の形を選び、左クリックします❷。

memo

日本語の文字のフォントを選択するときは、日本語で書かれている日本語のフォントを選びます。なお、最初に指定されているフォントは、選択しているテーマによって異なります。

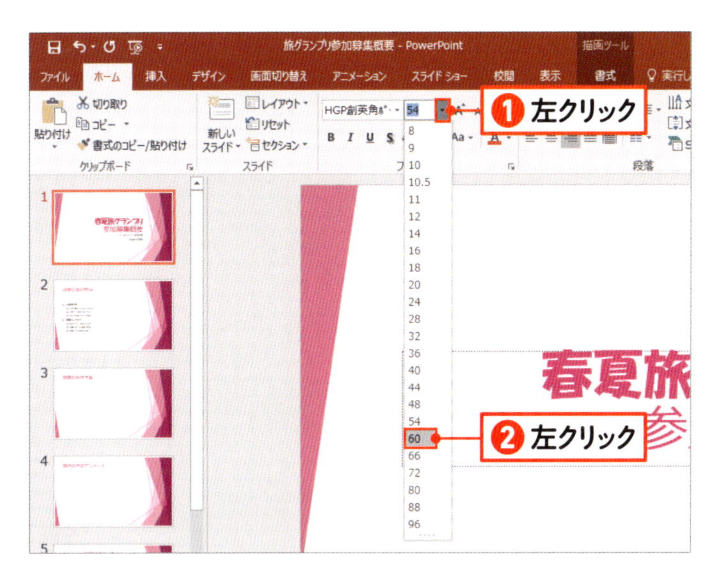

03 大きさを指定する

[ホーム] タブの 54 ([フォントサイズ] ボタン) 右側の▼を左クリックします❶。文字の大きさを選び、左クリックします❷。

memo

文字の大きさは、ポイントという単位で指定します。1ポイントは約0.35mm (1/72インチ) なので10ポイントで3.5mmくらいの大きさです。

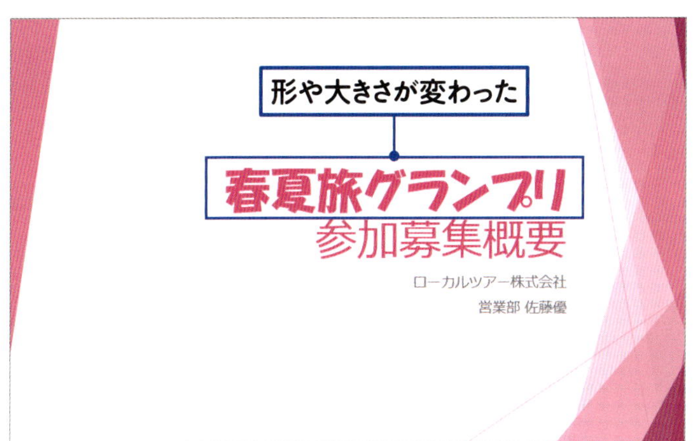

04 形や大きさが変わった

選択していた文字の形や大きさが変わりました。

Check! 文字サイズをひと回りずつ大きくする

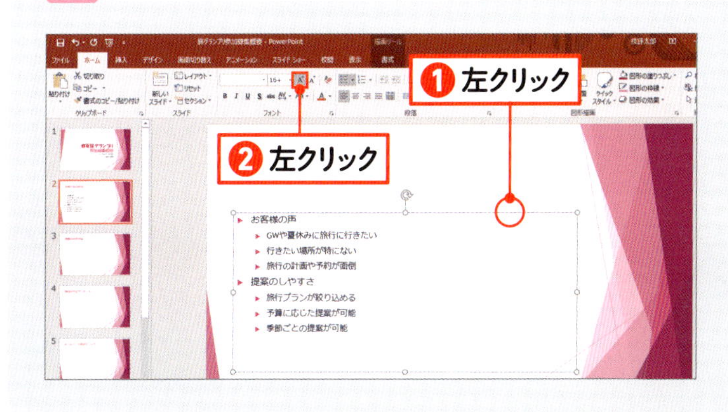

箇条書きの項目の文字は、項目のレベルによって文字サイズが異なる場合があります。文字の大きさの違いを保ったまま文字をひと回りずつ大きくするには、プレースホルダーの外枠部分を左クリックしてプレースホルダーを選択します❶。続いて、[ホーム] タブの A ([フォントサイズの拡大] ボタン) を左クリックします❷。なお、A ([フォントサイズの縮小] ボタン) を左クリックすると、ひと回りずつ文字を小さくします。

練習ファイル：03-4a　完成ファイル：03-04b

lesson.

3-4 文字に色を付けよう

特定のキーワードが目立つように文字の色を変更します。
ここでは、複数の文字を選択してまとめて設定します。

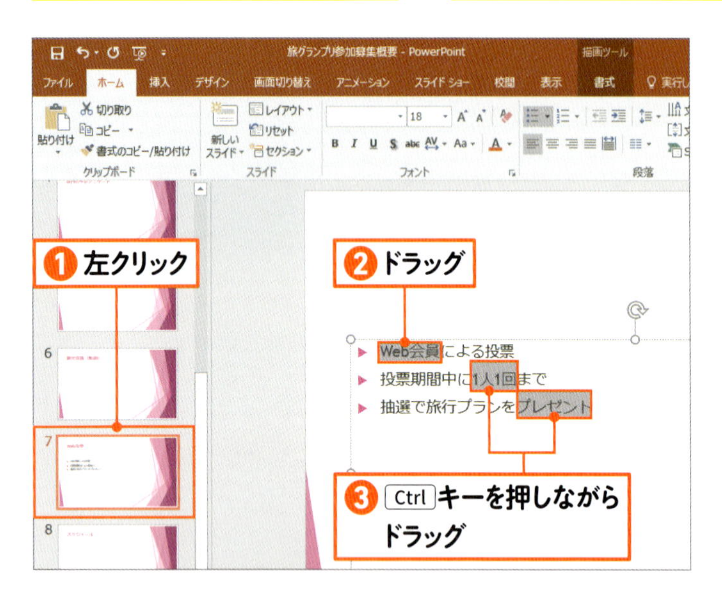

01 複数文字を選択する

文字が入力されているスライドを左クリックします❶。色を変更する文字をドラッグして選択します❷。Ctrl キーを押しながら同時に選択する文字をドラッグして選択します❸。

memo

複数個所の文字を同時に選択するには、ひとつめの文字を選択したあと、Ctrl キーを押しながら同時に選択する文字をドラッグします。

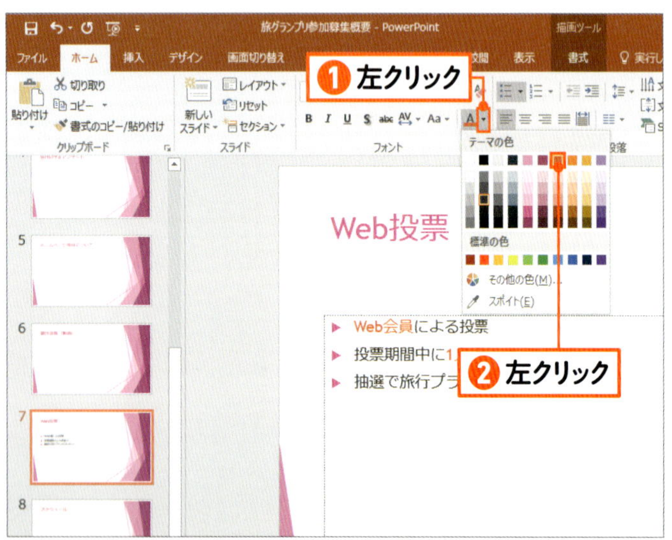

02 色を選択する

［ホーム］タブの A▾（［フォントの色］ボタン）右側の▼を左クリックします❶。色の一覧から色を選び、左クリックします❷。

memo

［テーマの色］は、選択しているテーマによって異なります。［テーマの色］から色を選択した場合、テーマを変更すると、文字の色が変わる場合があります。

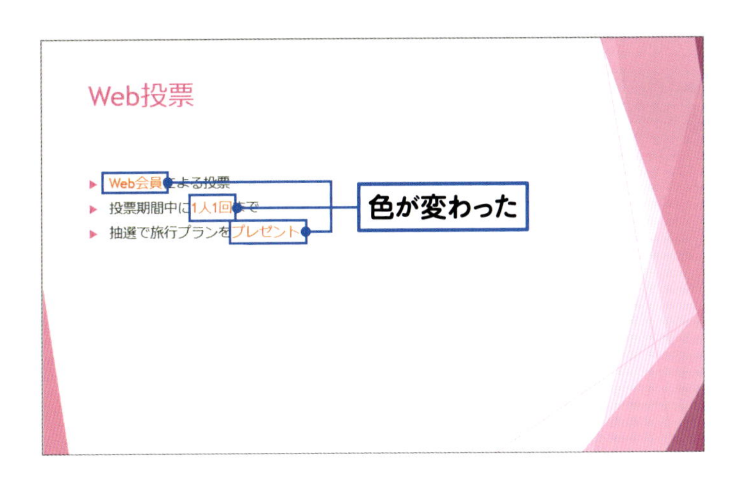

03 色が変わった

文字の色が変わりました。

Check! 書式をコピーする

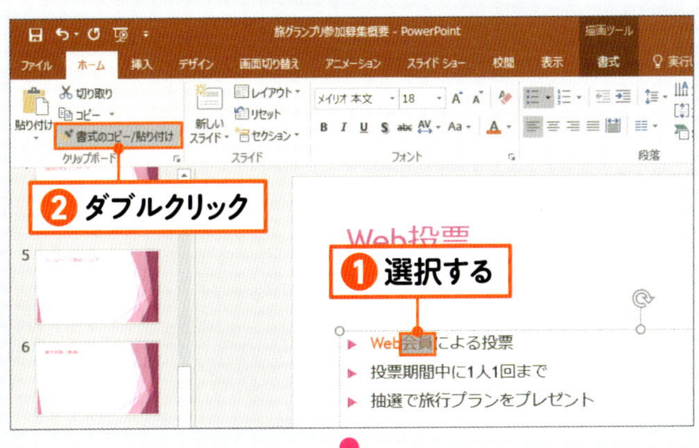

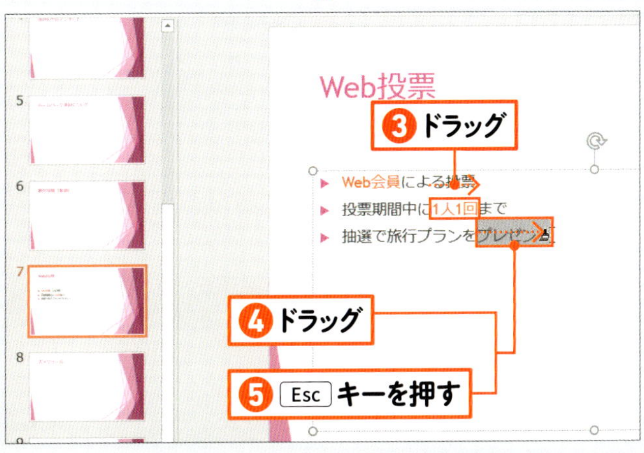

他の文字と同じ飾りを設定するには、書式をコピーする方法があります。それには、書式をコピーしたい文字を選択し❶、[ホーム]タブの 書式のコピー/貼り付け ([書式コピー/貼り付け]ボタン)をダブルクリックします❷。続いて、書式をコピーする文字列をドラッグして順に指定します❸❹。書式コピーの操作を終えるには、Esc キーを押します❺。

：03-5a

：03-05b

3-5 文字に飾りを付けよう

強調したい内容を目立たせるために、文字に太字や下線などの飾りを付けます。複数の飾りを組み合せて設定することもできます。

文字を太字にする

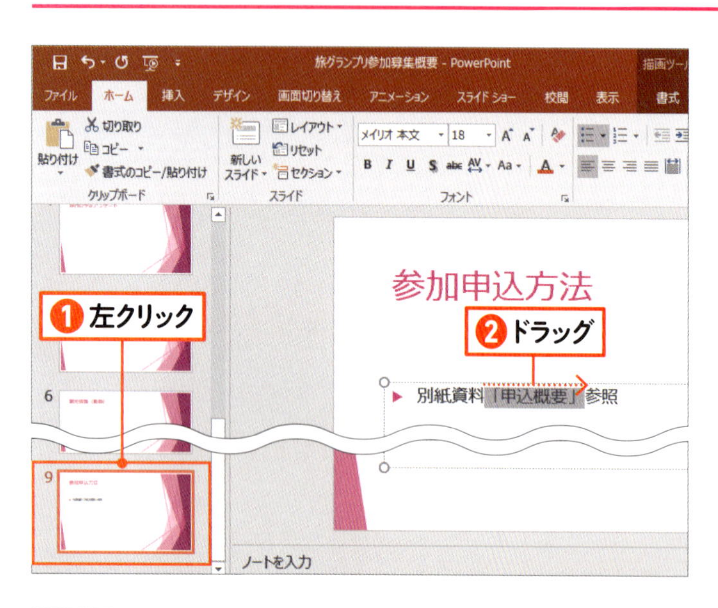

01 文字を選択する

文字が入力されているスライドを左クリックします❶。太字にする文字をドラッグして選択します❷。

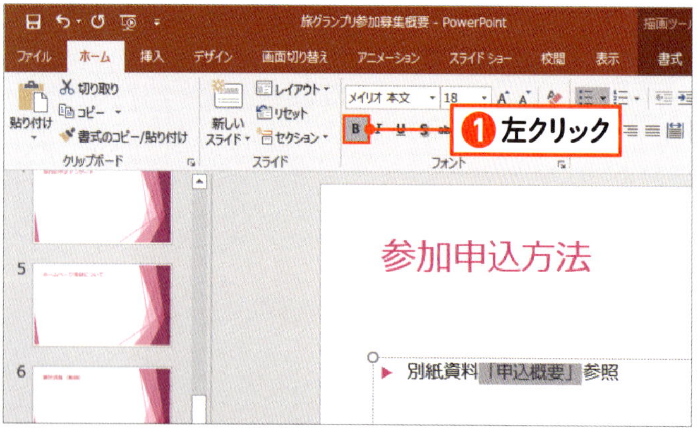

02 文字を太字にする

［ホーム］タブの B （［太字］ボタン）を左クリックします❶。すると、文字が太字になります。

memo

太字を解除するには、太字の文字を選択して、［ホーム］タブの B （［太字］ボタン）を左クリックします。

文字に下線を付ける

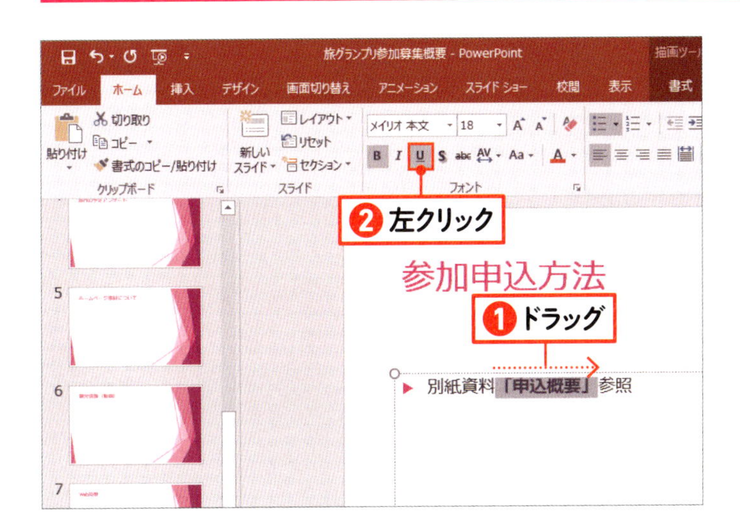

01 文字に下線を付ける

下線を付ける文字をドラッグして選択します❶。［ホーム］タブの U （［下線］ボタン）を左クリックします❷。

memo

［ホーム］タブの I （［斜体］ボタン）を左クリックすると、文字を斜めに傾ける斜体の飾りを付けられます。ただし、フォントによっては、斜体にならないものもあります。

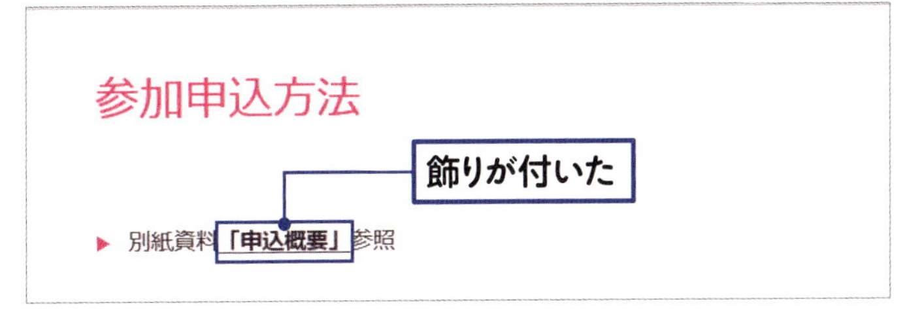

02 文字に飾りが付いた

文字に太字や下線の飾りが付きました。

Check! 複数の飾りをまとめて解除する

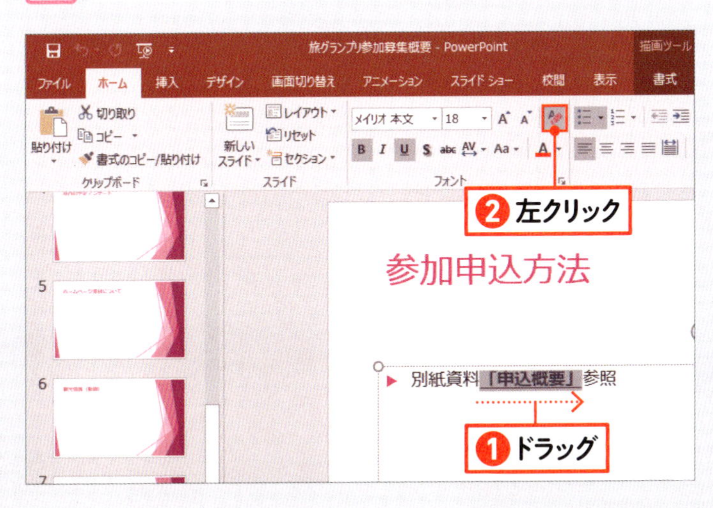

文字に設定したさまざまな書式をまとめて解除するには、対象の文字をドラッグして選択し❶、［ホーム］タブの （［すべての書式のクリア］ボタン）を左クリックします❷。すると、設定済みの書式が解除されます。

3-6 文字のスタイルを変更しよう

タイトル文字が目立つように派手に飾りましょう。
ワードアートの機能を利用すると、文字のデザインを簡単に変更できます。

01 文字を選択する

文字が入力されているスライドを左クリックします❶。文字をドラッグして選択します❷。

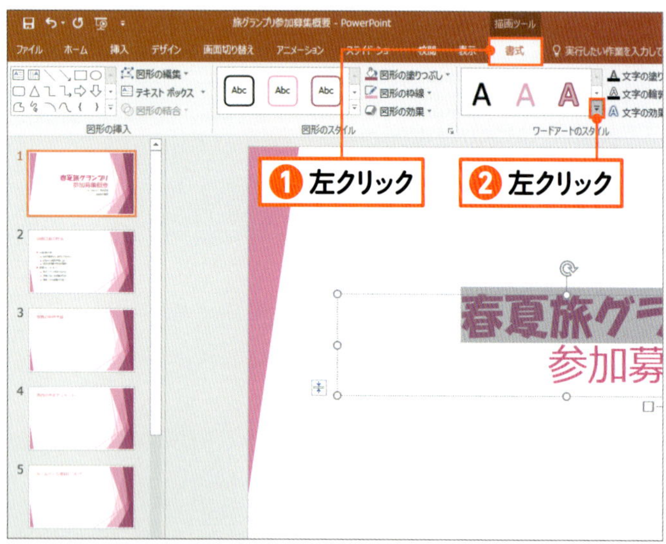

02 スタイルを表示する

［描画ツール］の［書式］タブを左クリックします❶。［ワードアートのスタイル］の ▽（［その他］ボタン）を左クリックします❷。

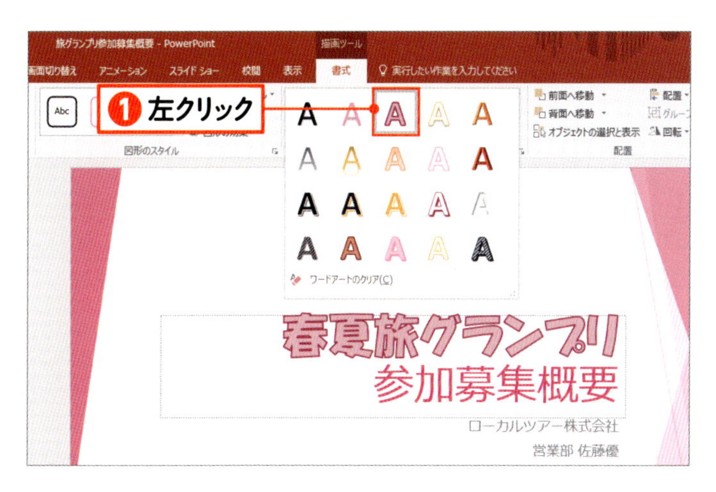

03 スタイルを選択する

スタイルの一覧が表示されます。スタイルを選び、左クリックします❶。

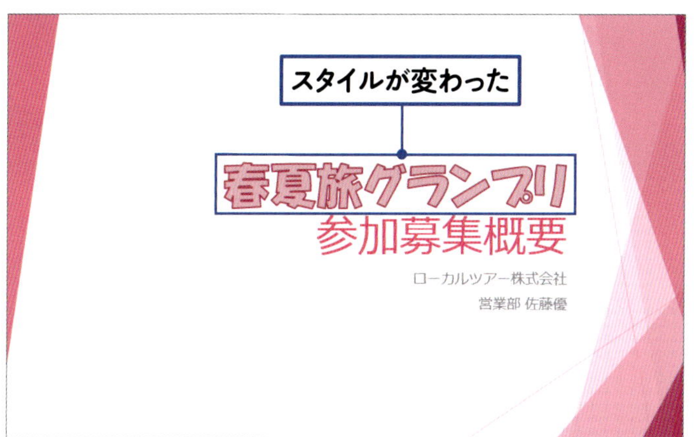

04 スタイルが変わった

文字のスタイルが変更されました。

Check! ワードアートの文字の図形を挿入する

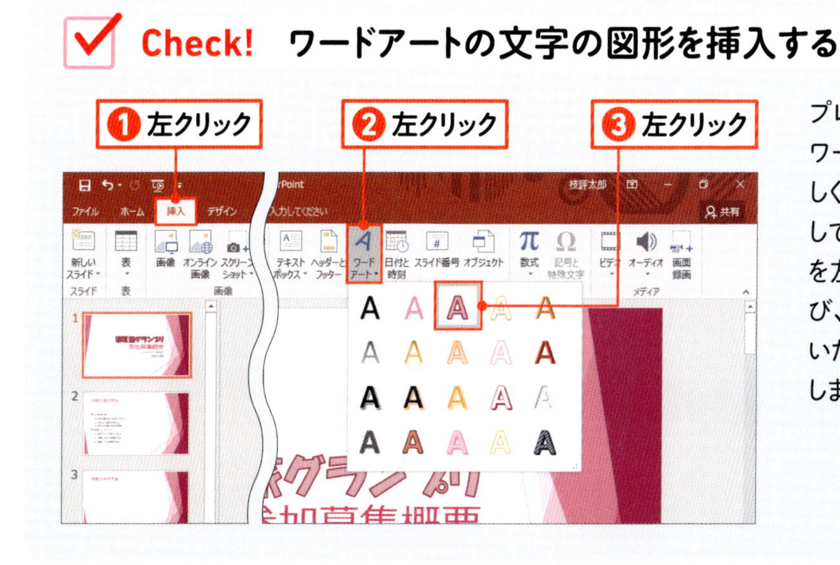

プレースホルダーに入力した文字ではなく、ワードアートのスタイルを適用した文字を新しく作成するには、［挿入］タブを左クリックして❶、A（［ワードアートの挿入］ボタン）を左クリックします❷。続いてスタイルを選び、左クリックします❸。すると、飾りの付いた文字が表示されますので、文字を修正します。

3-7 箇条書きのデザインを変更しよう

テーマを変えると、箇条書きの先頭の記号が目立たなくなることがあります。その場合は、箇条書きの記号を一覧から選んで変更しましょう。

01 プレースホルダーを選択する

箇条書きの項目が入力されているスライドを左クリックします❶。プレースホルダー内を左クリックし❷、プレースホルダーの外枠を左クリックしてプレースホルダーを選択します❸。

memo

プレースホルダー全体を選択するには、外枠を左クリックします。プレースホルダー全体が選択されていると、プレースホルダーの外枠に実線が表示されます。

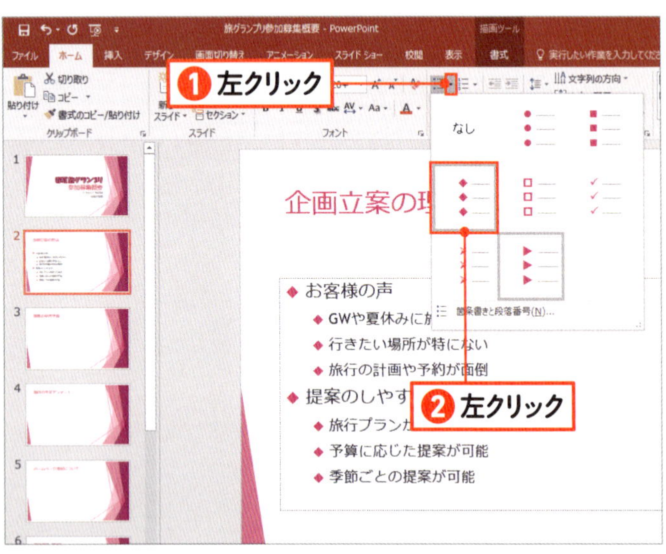

02 記号を選択する

［ホーム］タブの ☰ ▾（［箇条書き］ボタン）右側の▼を左クリックします❶。先頭の記号を選択して左クリックします❷。

memo

特定の項目の記号を変更するには、対象の項目を選択します。続いて、☰ ▾（［箇条書き］ボタン）右側の▼を左クリックして記号を選択します。

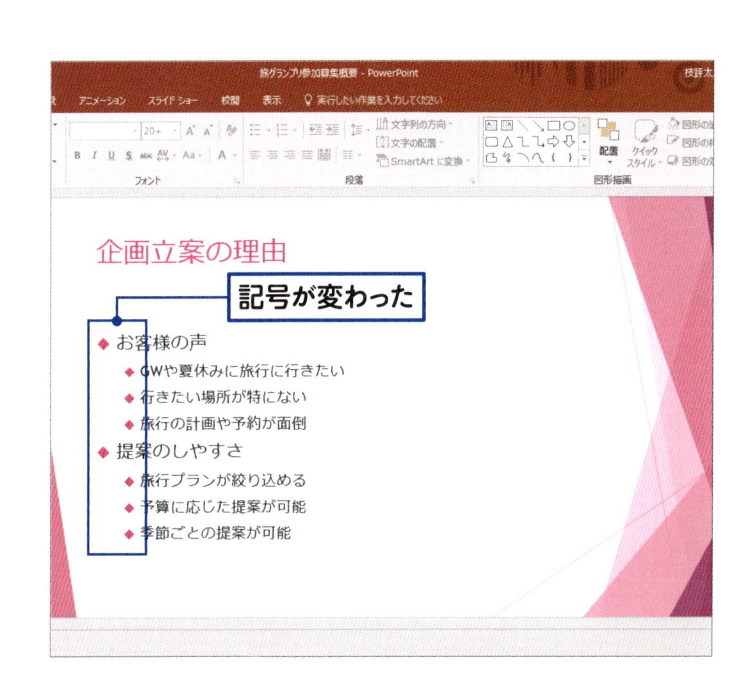

記号が変わった

箇条書きの先頭の記号が変わりました。

Check! 先頭に連番を振る

項目の先頭に連番を振るには、前ページの方法でプレースホルダーを選択し❶、[ホーム] タブの（[段落番号] ボタン）を左クリックします❷。すると、番号が表示されます。

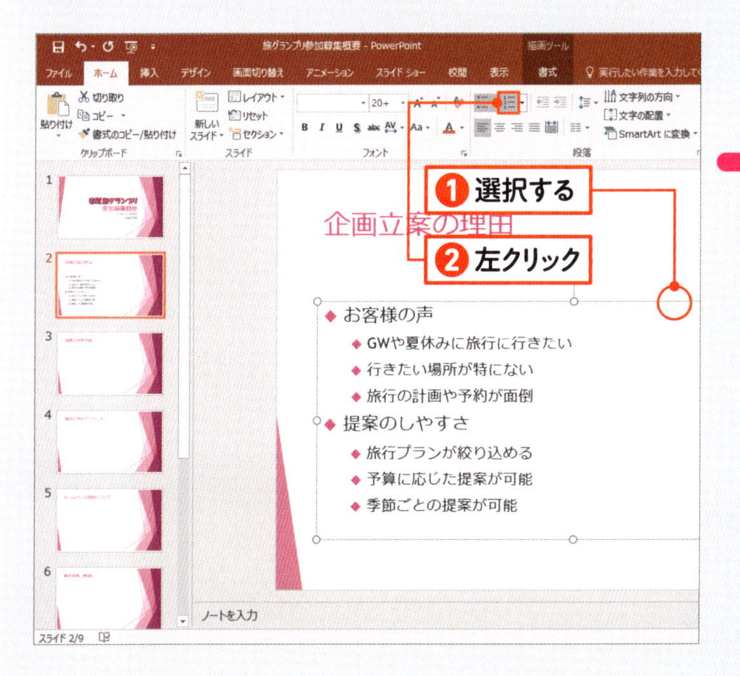

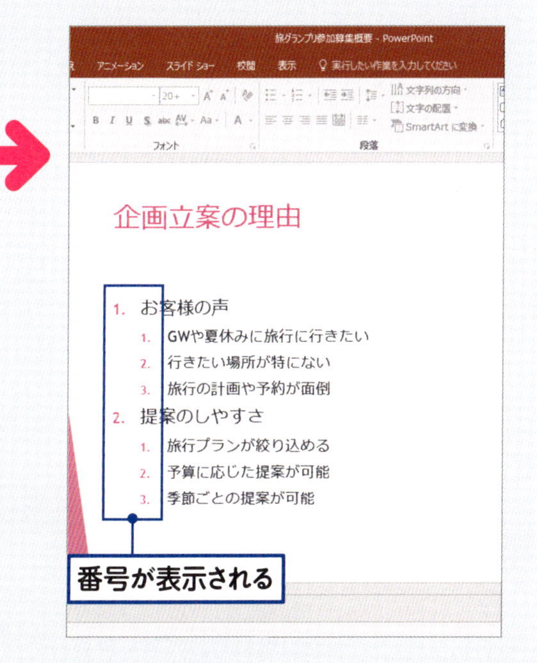

第3章　練習問題

1

文字の形や色などを変更するときに最初にすることは何ですか？

① 飾りの種類を選択する

② 文字を選択する

③ スペース キーを押す

2

文字の色を変更するときに左クリックするボタンはどれですか？

3

文字を太字にするときに左クリックするボタンはどれですか？

Chapter

表やグラフを作ろう

この章では、表を利用して細かい情報を整理して伝える方法や、グラフを利用して数値の大きさや推移などをわかりやすく伝える方法を紹介します。また、エクセルで作成した表やグラフを、スライドに貼り付けて利用する方法も知っておきましょう。

>> Visual Index

Chapter 4

表やグラフを作ろう

lesson. **1**

表を作成する

GO >> P.064

ホームページ素材について

表が作成された

lesson. **2**

行や列を削除／追加する

GO >> P.066

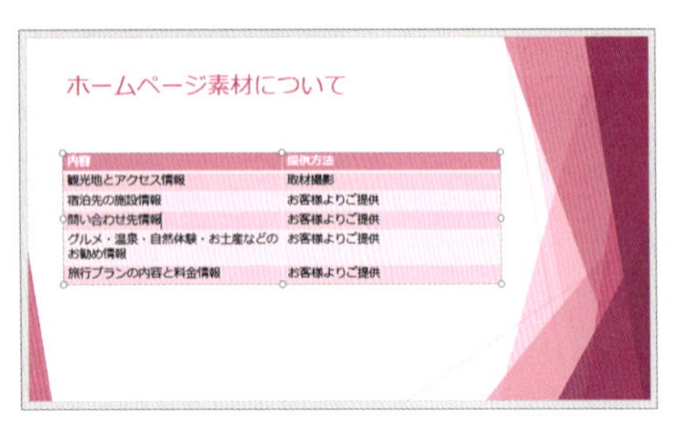

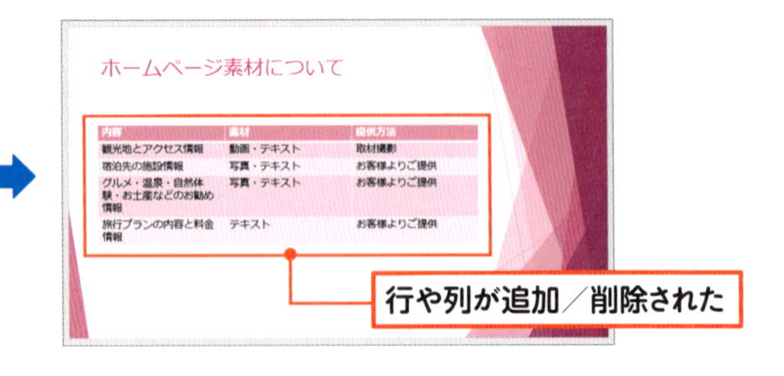

lesson. **3**

表の幅を変更する

GO >> P.068

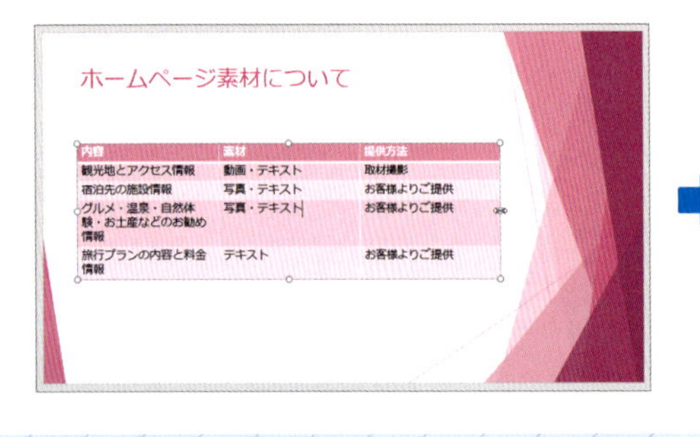

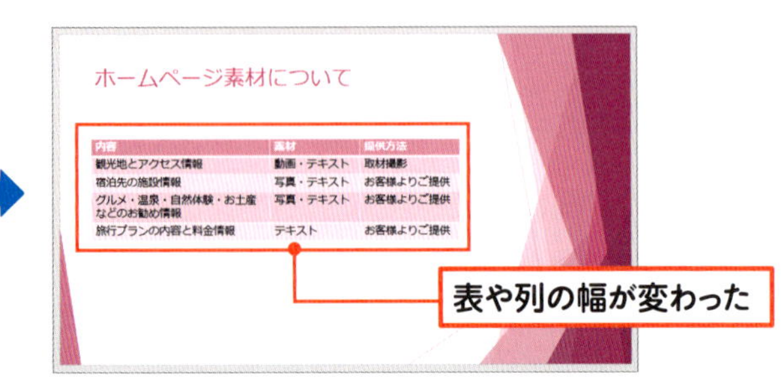

lesson. **4**

表のスタイルを変更する

GO ›› P.070

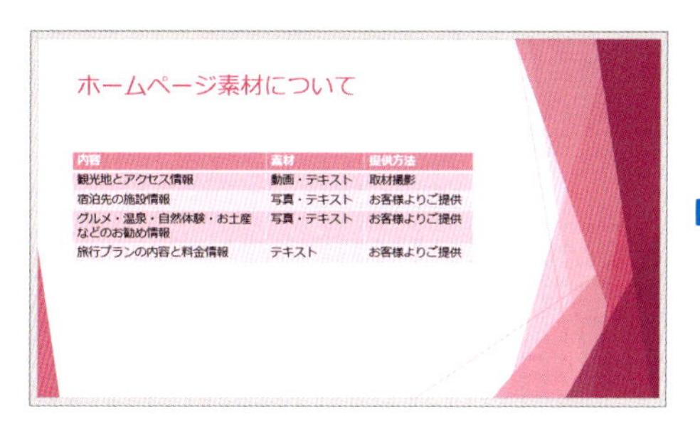

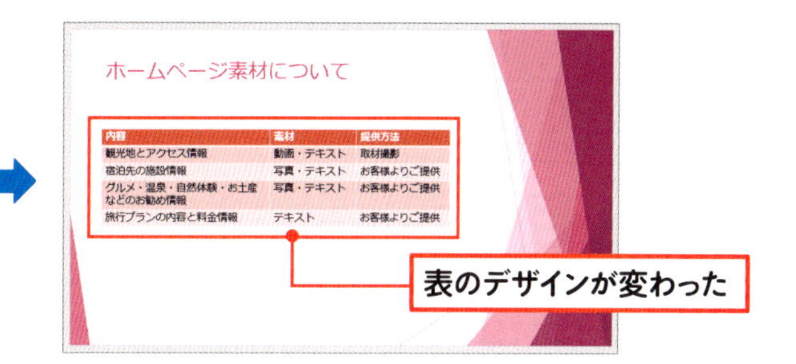

lesson. **5**

グラフを作成する

GO ›› P.072

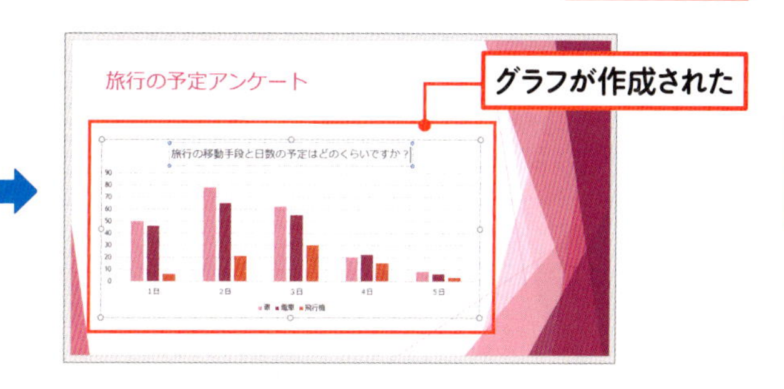

lesson. **6**

グラフのスタイルを変更する

GO ›› P.074

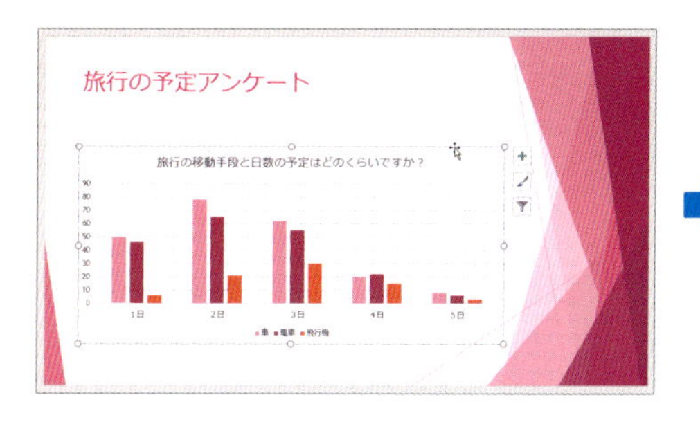

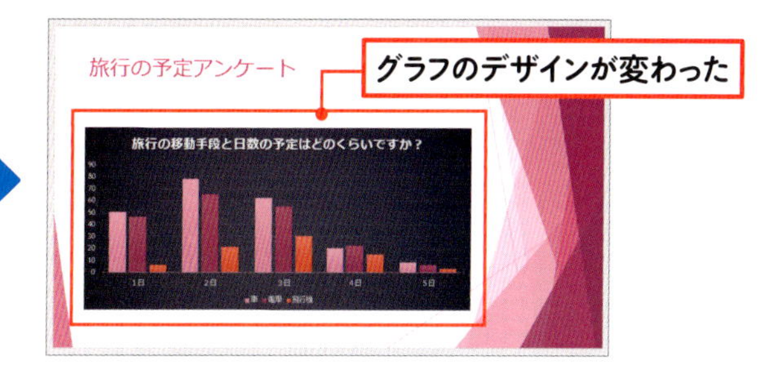

lesson. **7**

エクセルの表を貼り付ける

GO ›› P.076

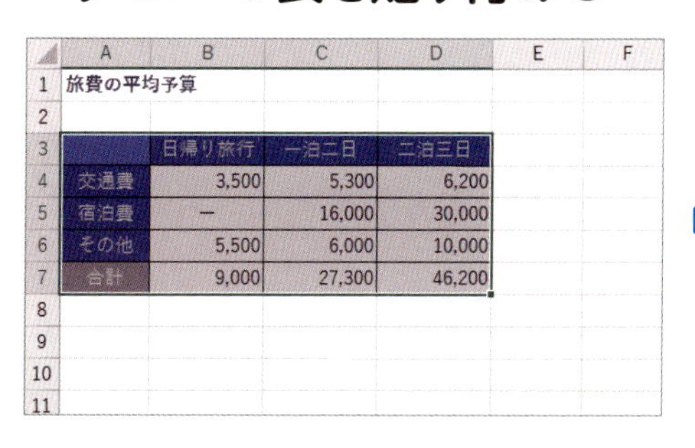

	日帰り旅行	一泊二日	二泊三日
交通費	3,500	5,300	6,200
宿泊費	–	16,000	30,000
その他	5,500	6,000	10,000
合計	9,000	27,300	46,200

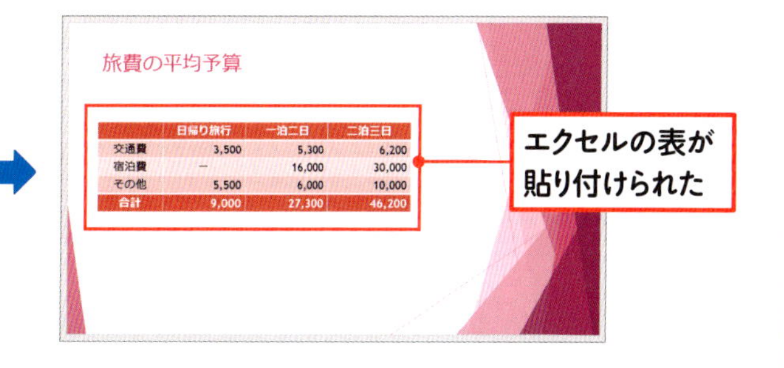

4-1

練習ファイル ：04-01a　完成ファイル ：04-01b

表を作成しよう

細かい情報を整理してわかりやすく提示したいときは、表を利用しましょう。表の行数や列数を指定して表を追加し、文字を入力します。

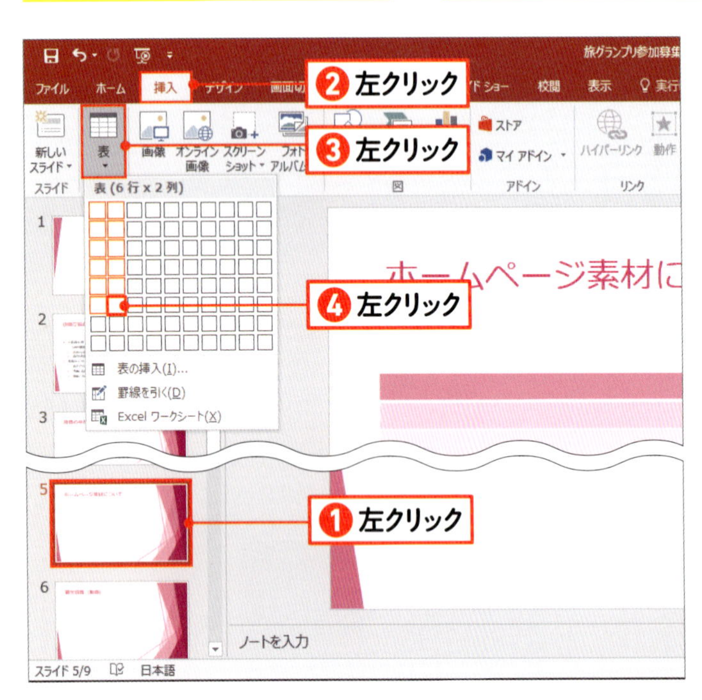

01 表を追加する

表を追加するスライドを左クリックします❶。[挿入] タブを左クリックして❷、（[表の挿入] ボタン）を左クリックします❸。ここでは、6行2列の表を作成します。左から2番目、上から6番目のマス目を左クリックします❹。

memo

コンテンツを入れるプレースホルダーの（[表の挿入] ボタン）を左クリックしても、表を追加できます。

ホームページ素材について

❶左クリック

02 表が追加された

表が表示されます。左上のセルを左クリックします❶。

memo

表のひとつひとつのマス目をセルと言います。

文字を入力する

文字を入力します❶。 Tab キーを押します❷。

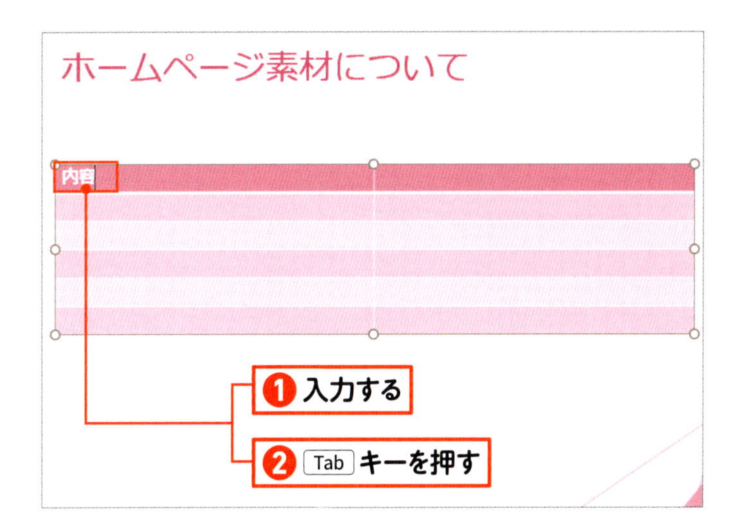

文字を入力する

右のセルに文字カーソルが移動します。文字を入力します❶。 Tab キーを押します❷。

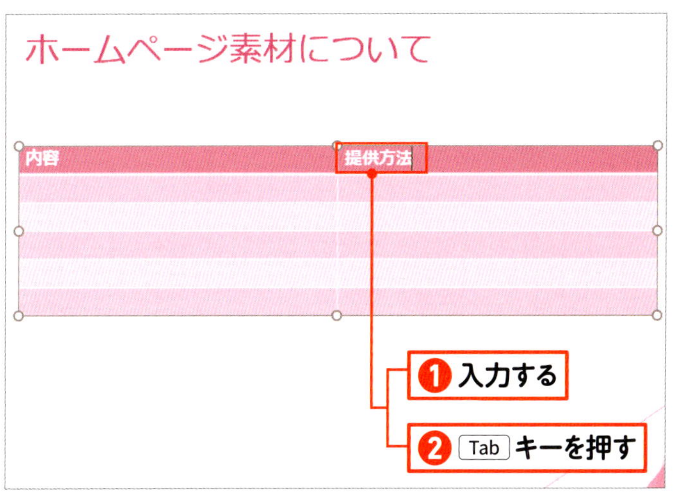

文字を入力する

文字を入力します❶。 Tab キーを押して文字カーソルを移動しながら、文字を入力します❷。

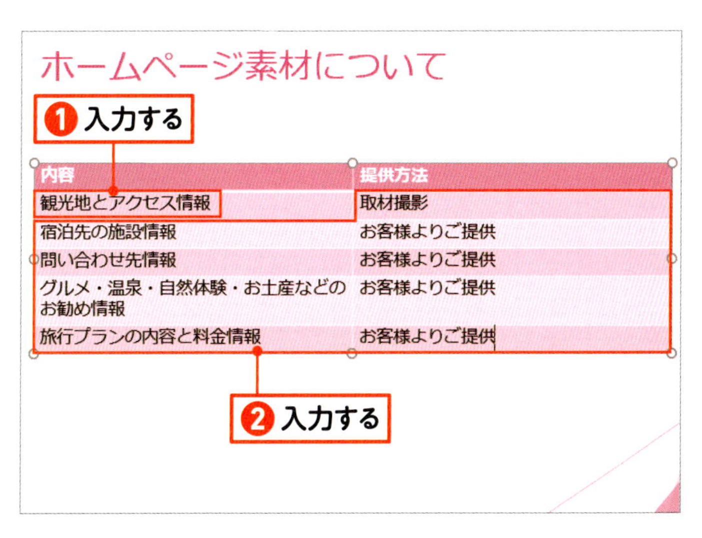

memo

表の右下隅に文字を入力したあと、 Tab キーを押すと新しい行が追加され、行の左端に文字カーソルが表示されます。

4-2

練習ファイル：04-02a　完成ファイル：04-02b

行や列を削除／追加しよう

表の行や列は、あとで削除したり追加したりできます。
行や列を選択し、［表ツール］の［レイアウト］タブを使って操作します。

削除する

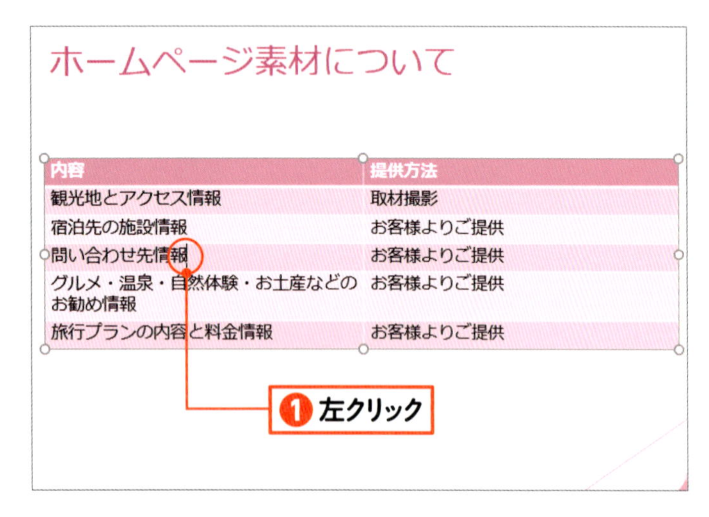

削除する箇所を選択する

削除したい行や列内のセルを左クリックします❶。ここでは、上から4行目を削除します。

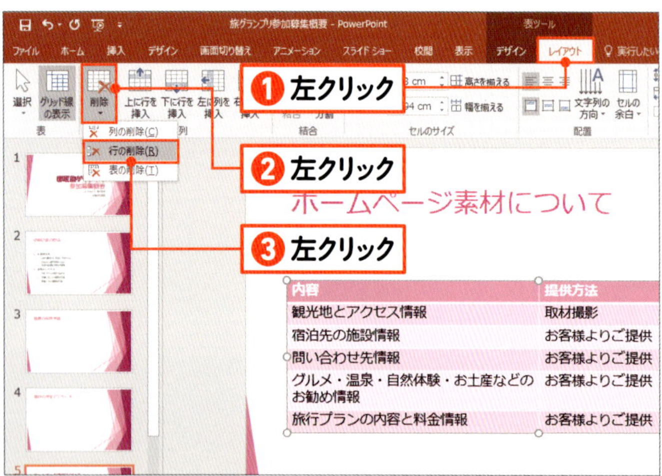

削除する

［表ツール］の［レイアウト］タブを左クリックします❶。（［削除］ボタン）を左クリックします❷。行の削除(R) を左クリックします❸。

memo

選択しているセルを含む列を削除する場合は 列の削除(C)、表全体を削除する場合は 表の削除(T) を左クリックします。

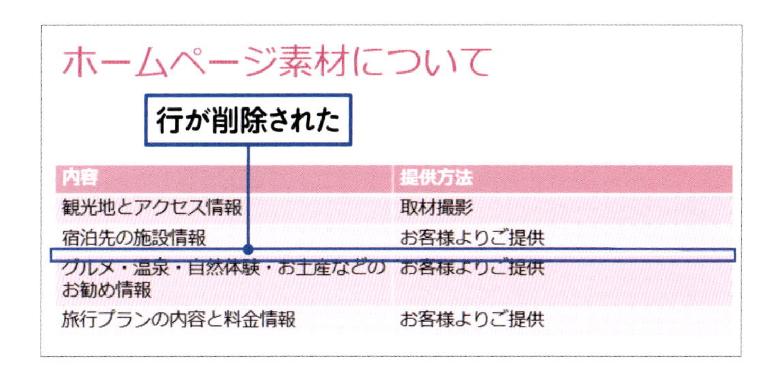

03 削除された

選択していた行や列が削除されます。

追加する

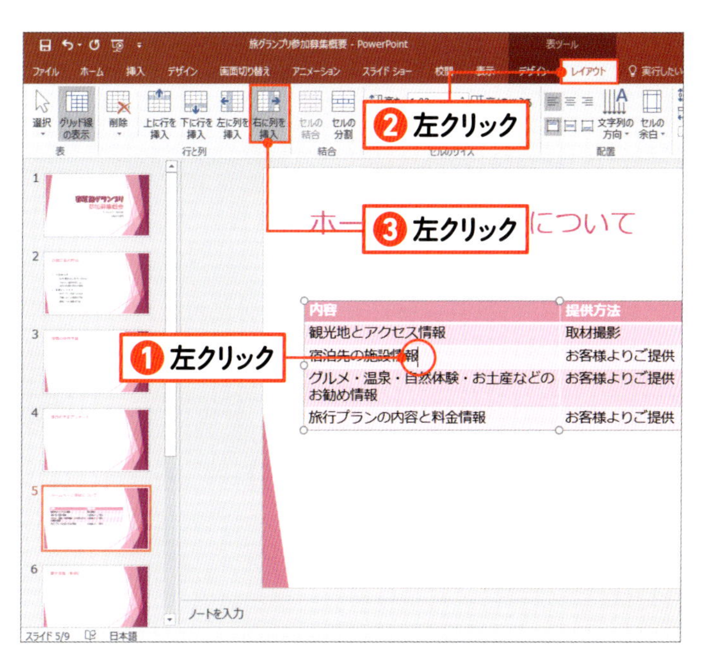

01 追加する

左から1列目の右に列を追加します。追加したい行や列に隣接するセルを左クリックします❶。[表ツール] の [レイアウト] タブを左クリックします❷。（[右に列を挿入] ボタン）を左クリックします❸。

memo

選択しているセルの左に列を追加する場合は、（[左に列を挿入] ボタン）を左クリックします。行を追加するには、（[上の行を挿入] ボタン）や（[下に行を挿入] ボタン）を左クリックします。

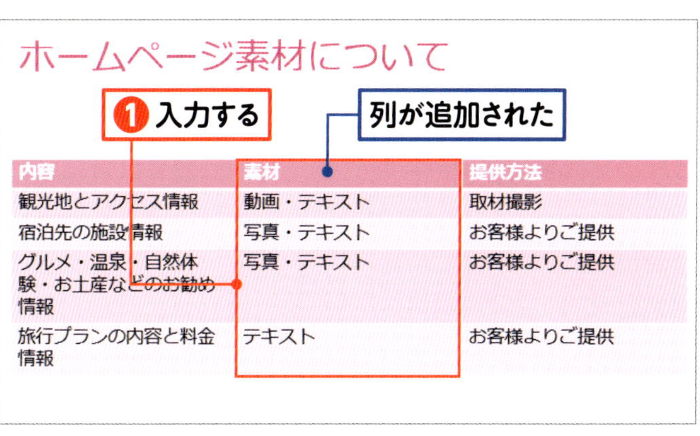

02 追加された

列が追加されました。セルを左クリックして、文字を入力します❶。

4 表やグラフを作ろう

練習ファイル：04-03a　完成ファイル：04-03b

lesson. 4-3

表の幅を変更しよう

表内の文字の長さに合わせて、表の幅や列幅を調整します。
列の右側境界線部分をドラッグして調整します。

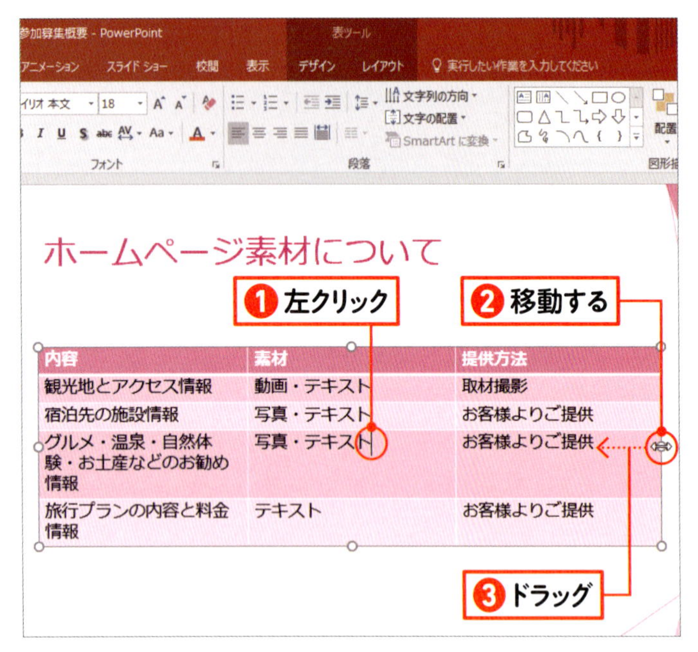

01 表の幅を変更する

表内を左クリックします❶。表が枠で囲まれ、表の大きさを変更するハンドルが表示されます。表の右端の中央にマウスポインターを移動します❷。マウスポインターが ⇔ のように変わります。表の内側に向かってドラッグします❸。

memo

ハンドルを内側に向かってドラッグすると表が小さくなります。外側に向かってドラッグすると表が大きく広がります。

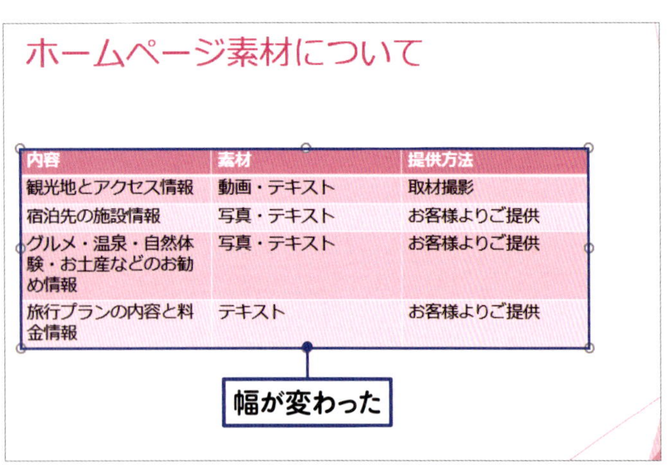

02 表の幅が変わった

表の幅が小さくなりました。

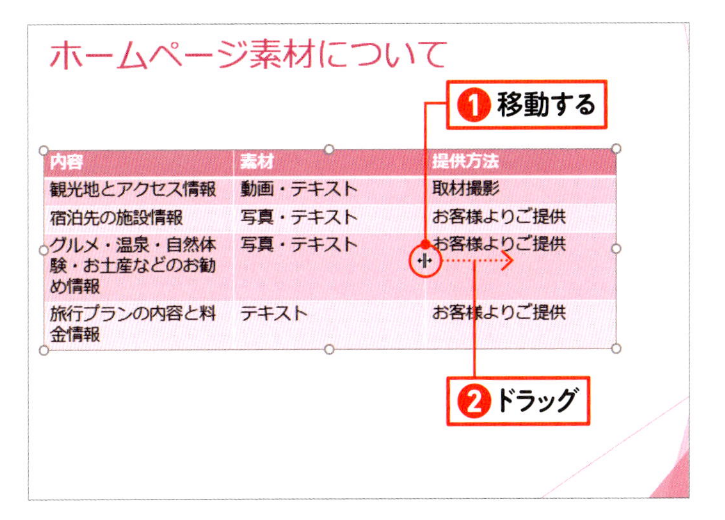

03 列幅を変更する

列幅を変更する列の左境界線部分にマウスポインターを移動します❶。マウスポインターが ⟛ に変わります。列幅を変更する方向にドラッグします❷。

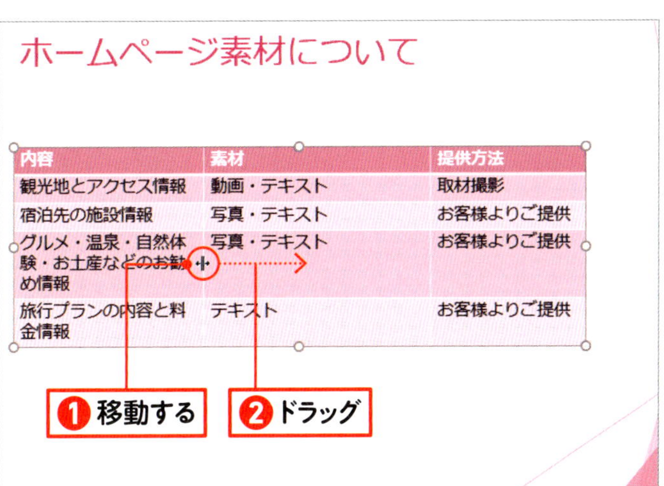

04 他の列幅を変更する

列幅を変更する列の左境界線部分にマウスポインターを移動します❶。マウスポインターが ⟛ に変わります。列幅を変更する方向にドラッグします❷。

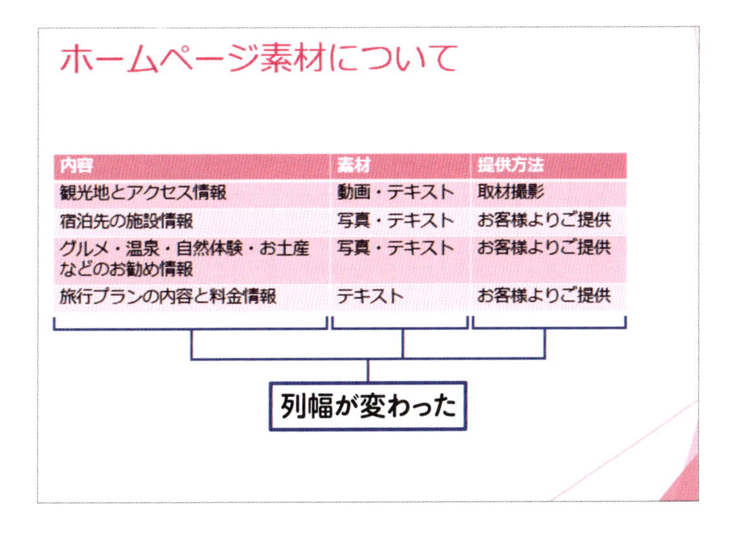

05 列幅が変わった

表の列幅が変更されました。

memo

行の高さを調整するには、行の下境界線部分を上下にドラッグします。

練習ファイル ：04-04a　完成ファイル ：04-04b

lesson.

4-4 表の見た目を変えよう

表全体のデザインを変更するには、表のスタイル機能を利用しましょう。
タイトル行を強調したり、１行おきに色を付けたりすることもできます。

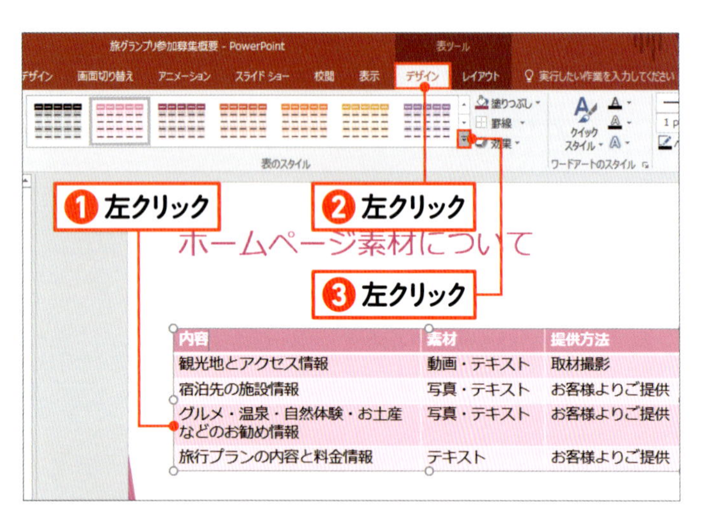

01 スタイルを表示する

表内を左クリックします❶。［表ツール］の［デザイン］タブを左クリックします❷。［表のスタイル］の ⊽ （［その他］ボタン）を左クリックします❸。

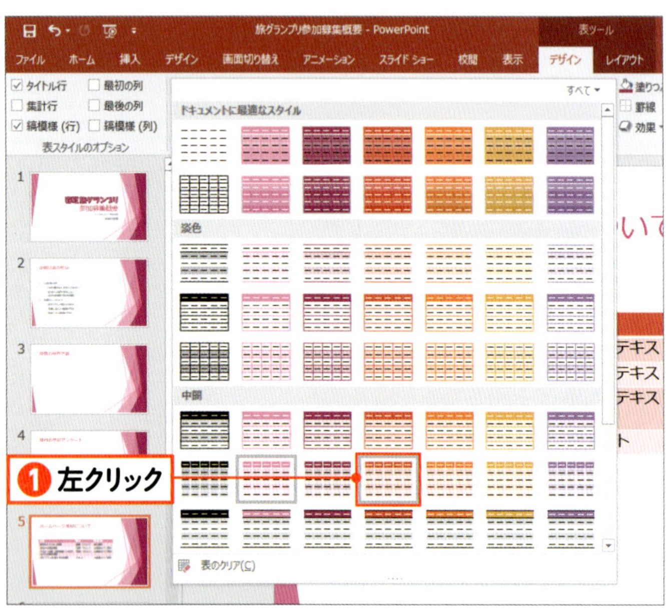

02 スタイルを選択する

スタイルの一覧が表示されます。スタイルを選び、左クリックします❶。

memo

表のタイトルや集計行などを強調するには、［表ツール］の［デザイン］タブの［表スタイルのオプション］に表示されている ☑タイトル行 などの項目にチェックを付けます。また、☑縞模様 (行) にチェックを付けると、１行おきに色を付けたりできます。

ホームページ素材について

内容	素材	提供方法
観光地とアクセス情報	動画・テキスト	取材撮影
宿泊先の施設情報	写真・テキスト	お客様よりご提供
グルメ・温泉・自然体験・お土産などのお勧め情報	写真・テキスト	お客様よりご提供
旅行プランの内容と料金情報	テキスト	お客様よりご提供

スタイルが変わった

03 スタイルが変わった

指定したスタイルが適用されます。表全体のデザインが変わりました。

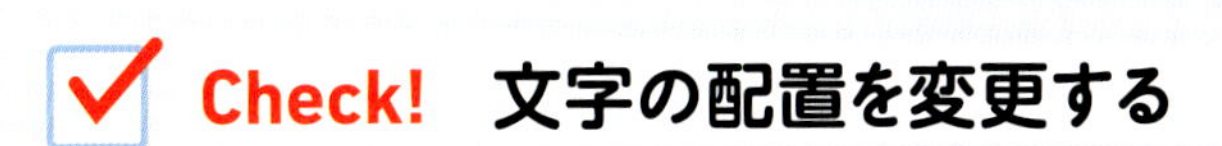

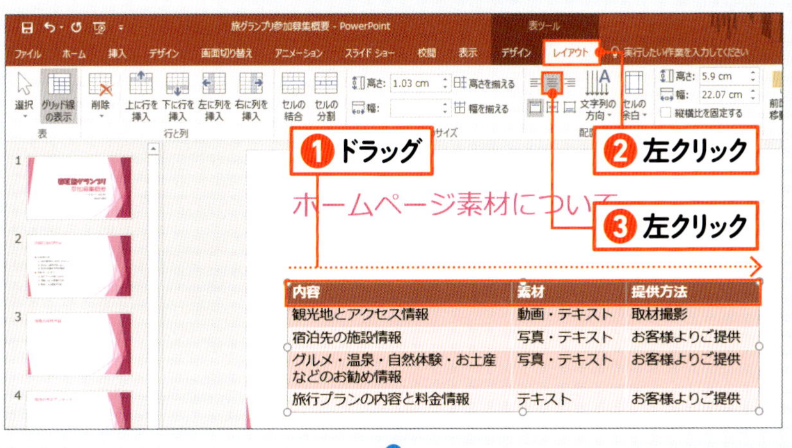

見出しの文字の配置を中央に揃えるには、見出しのセルをドラッグして選択し❶、［表ツール］の［レイアウト］タブをクリックして❷、☰（［中央揃え］ボタン）を左クリックします❸。

ホームページ素材について

内容	素材	提供方法
観光地とアクセス情報	動画・テキスト	取材撮影
宿泊先の施設情報	写真・テキスト	お客様よりご提供
グルメ・温泉・自然体験・お土産などのお勧め情報	写真・テキスト	お客様よりご提供
旅行プランの内容と料金情報	テキスト	お客様よりご提供

文字が中央に揃った

練習ファイル : 04-05a　完成ファイル : 04-05b

グラフを作成しよう

4-5

数値の大きさを比較したり、推移を示したりしたいときは、グラフを使いましょう。パワーポイントでは、さまざまな種類のグラフを作成できます。

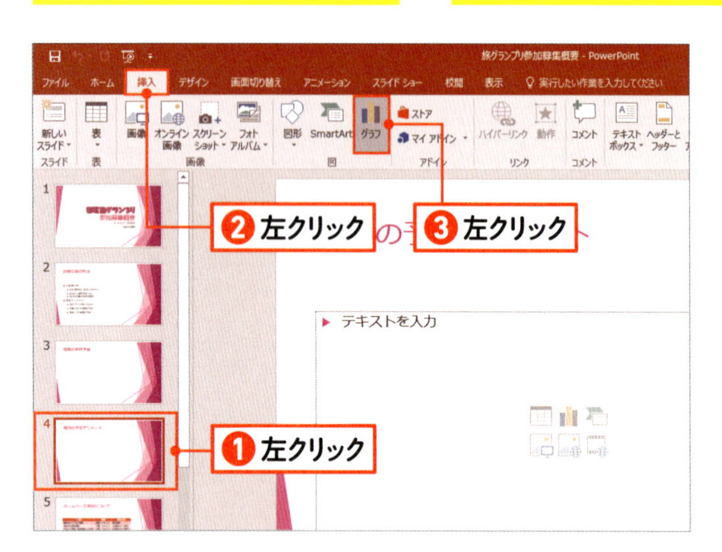

01 グラフを追加する

グラフを追加するスライドを左クリックします❶。［挿入］タブを左クリックします❷。 （［グラフの追加］ボタン）を左クリックします❸。

memo

コンテンツを入れるプレースホルダーの （［グラフの挿入］ボタン）を左クリックしても、グラフを追加できます。

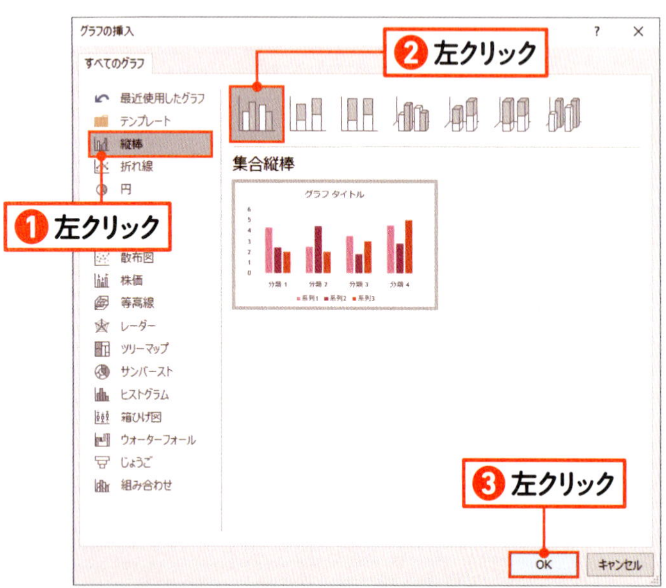

02 グラフの種類を選択する

グラフの種類を選択します。ここでは、 縦棒 を左クリックして❶、 を左クリックします❷。 OK を左クリックします❸。

memo

数値の大きさを比較するには棒グラフ、値の推移を見るには折れ線グラフ、割合を示すには円グラフなど、伝えたい内容に合わせてグラフの種類を選択します。

03 グラフが追加される

グラフが追加され、グラフで示す数値を入力するワークシートが表示されます。セル内を左クリックします❶。

04 見出しや数値を入力する

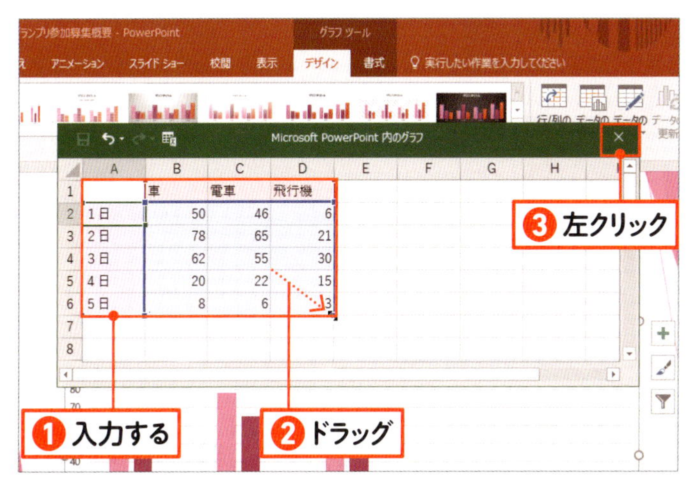

左のように表の内容を入力します❶。表の右下の をドラッグして表の右下隅に合わせます❷。 （［閉じる］ボタン）を左クリックします❸。

05 グラフが表示された

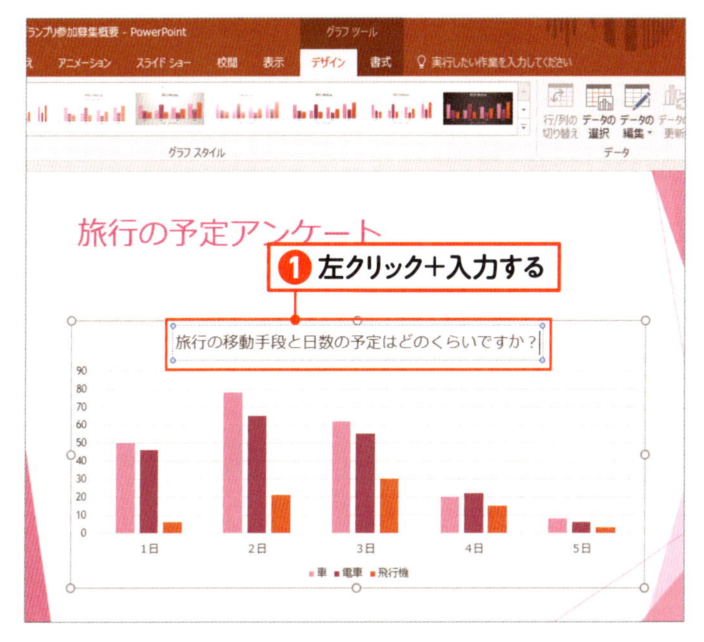

グラフが表示されます。グラフタイトル内を左クリックし、タイトルを入力します❶。

memo

グラフ以外の場所を左クリックすると、グラフの選択が解除されます。

練習ファイル：04-06a　完成ファイル：04-06b

lesson.
4-6 グラフの見た目を変更しよう

グラフのデザインを変更するには、グラフスタイルの機能を利用すると便利です。グラフの背景の色や凡例の位置などをまとめて指定できます。

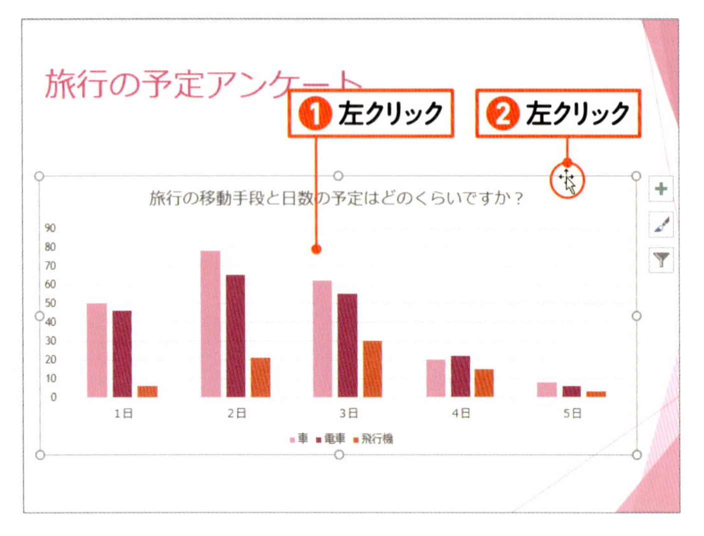

01 グラフを選択する

グラフ内を左クリックし❶、グラフの外枠部分を左クリックしてグラフ全体を選択します❷。

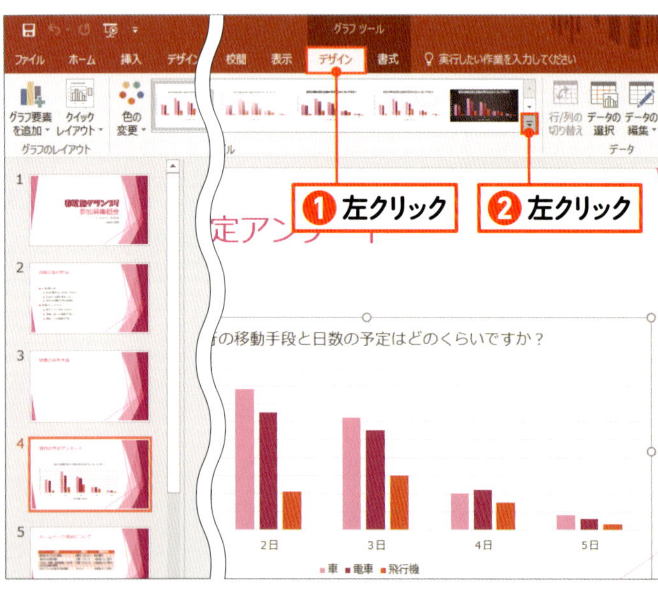

02 スタイルを表示する

［グラフツール］の［デザイン］タブを左クリックします❶。［グラフスタイル］の ▼（［その他］ボタン）を左クリックします❷。

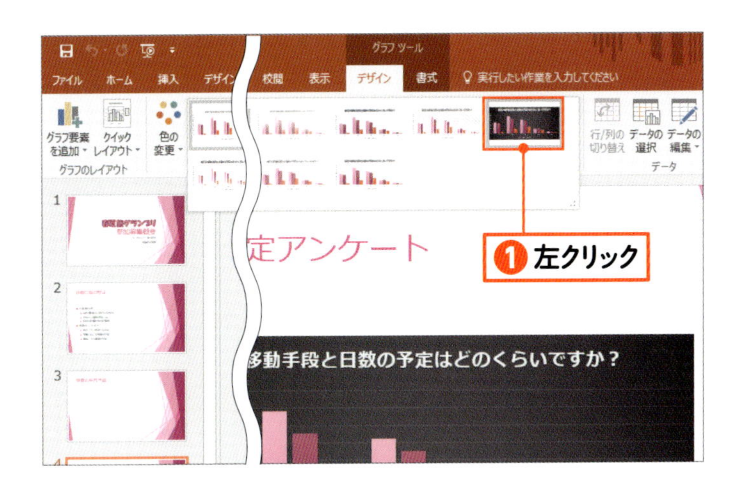

03 スタイルを選択する

スタイルの一覧が表示されます。一覧から気に入ったものを左クリックします❶。

memo

［グラフツール］の［デザイン］タブの ［色の変更］ボタン）を左クリックすると、グラフの色合いを指定できます。

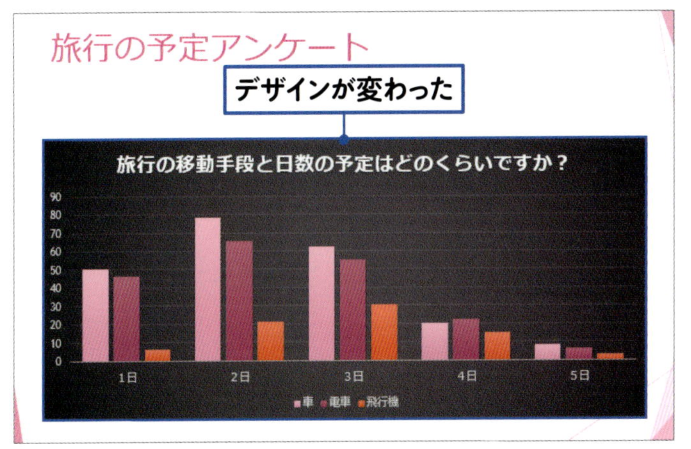

04 スタイルが設定された

グラフのスタイルが適用され、デザインが変わりました。

Check! グラフの要素を追加する

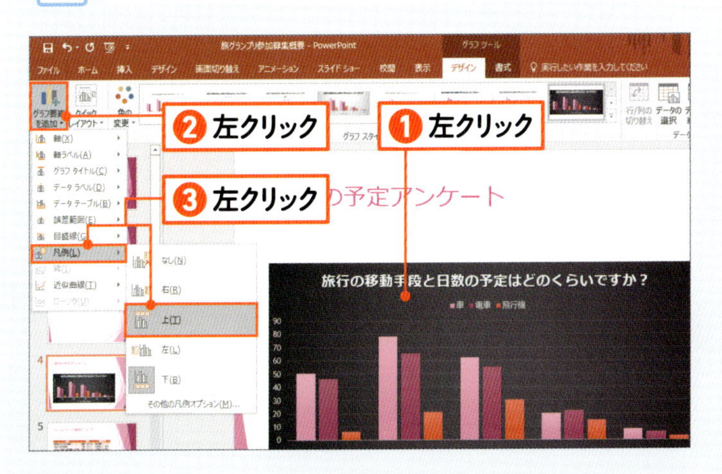

パワーポイントで作成したグラフは、エクセルで作成したグラフと同じような感覚で編集できます。グラフを構成する各要素を追加したり、配置場所を指定するには、グラフを左クリックして選択し❶、［グラフツール］の［デザイン］タブの （［グラフ要素を追加］ボタン）を左クリックして指定します❷。たとえば、グラフの凡例をグラフの上に表示するには、 凡例(L) を左クリックして 上(T) を左クリックします❸。

4 表やグラフを作ろう

4-7

エクセルの表を貼り付けよう

エクセルで作成した表やグラフは、スライドに貼り付けてそのまま利用できます。スライドに貼り付けたあとに、必要に応じて見栄えを整えましょう。

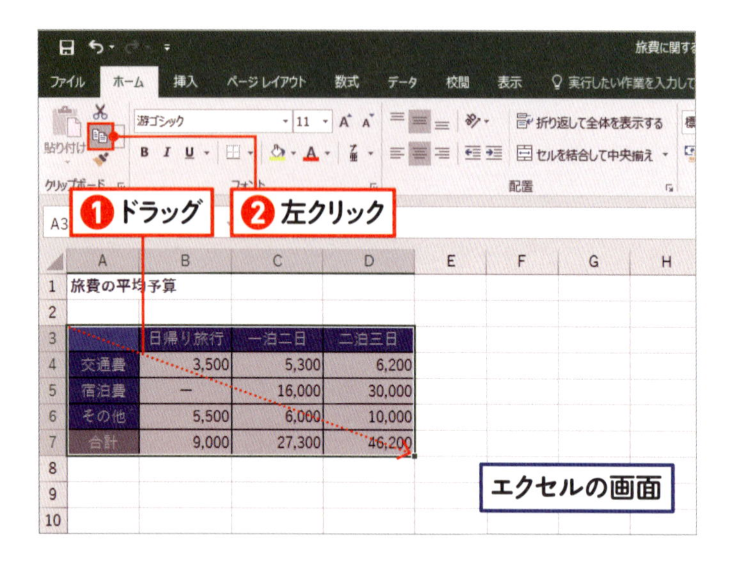

01 表をコピーする

エクセルの表（練習ファイル「04-07ex」）をドラッグして表全体のセル範囲を選択します❶。［ホーム］タブの（［コピー］ボタン）を左クリックします❷。

memo

グラフを貼り付ける場合は、グラフの外枠を左クリックしてグラフ全体を選択したあとに、［ホーム］タブの（［コピー］ボタン）を左クリックします。

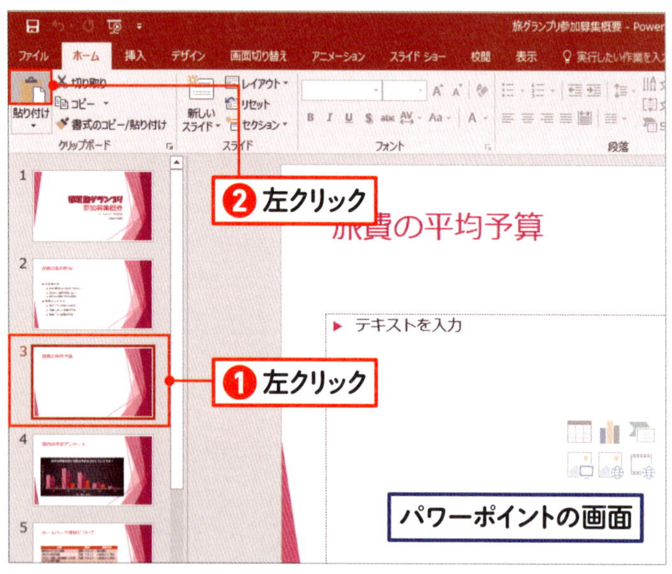

02 表を貼り付ける

パワーポイントに切り替えて、表を貼り付けるスライドを左クリックして選択します❶。［ホーム］タブの（［貼り付け］ボタン）を左クリックします❷。

memo

表やグラフを貼り付けた直後に表示される（Ctrl）（［貼り付けのオプション］ボタン）を左クリックすると、貼り付ける形式を選択できます。

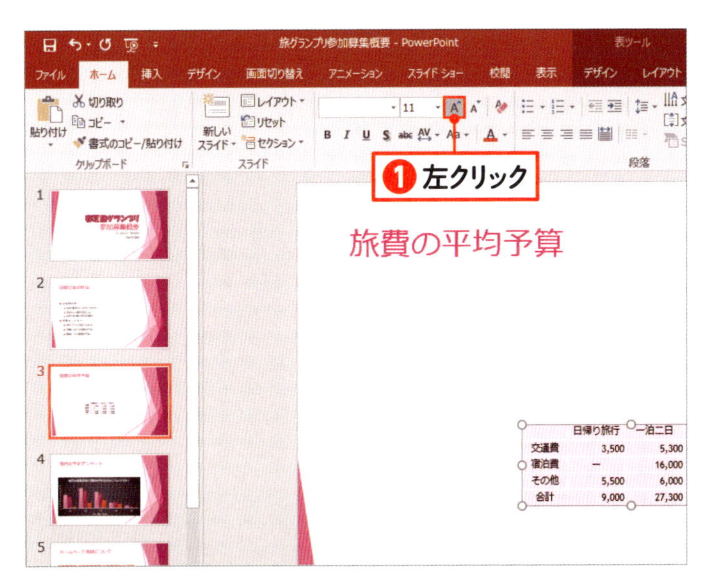

03 表が貼り付いた

表が貼り付きます。表全体が選択されている状態で、[ホーム] タブの A^ ([フォントサイズの拡大] ボタン) を何度か左クリックして❶、文字の大きさを大きくします。

memo

68～69ページの方法で、表や列幅を調整します。また、70～71ページの方法で、表の見た目を変更しましょう。

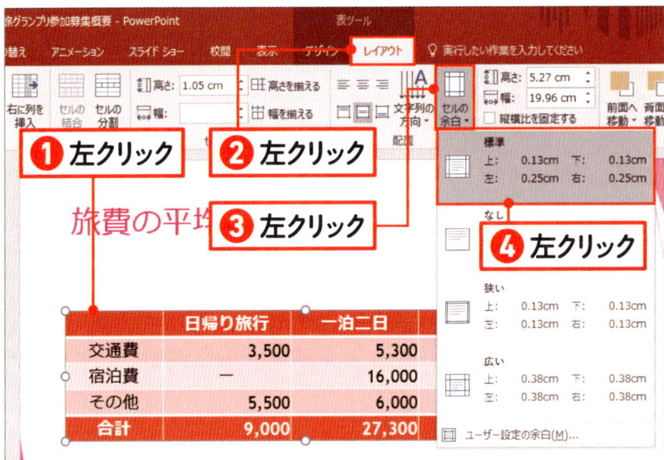

04 セルの余白を指定する

表の外枠を左クリックして❶、表全体を選択します。[表ツール] の [レイアウト] タブを左クリックします❷。 ([セルの余白] ボタン) を左クリックします❸。余白の大きさを選び、左クリックします❹。

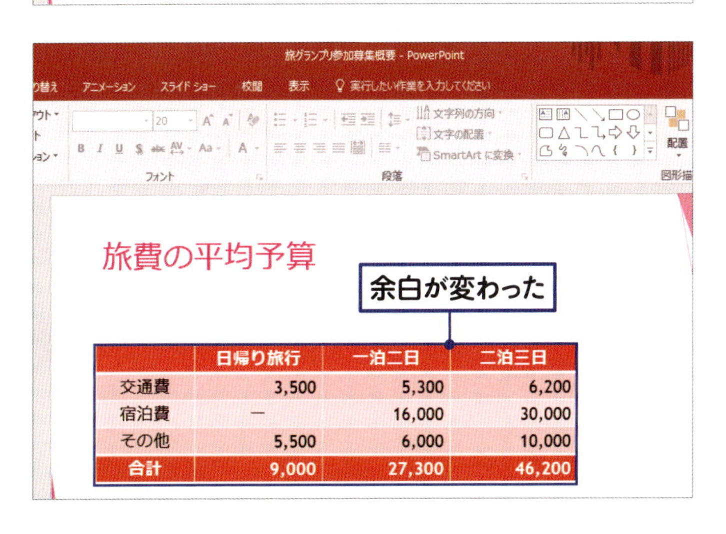

	日帰り旅行	一泊二日	二泊三日
交通費	3,500	5,300	6,200
宿泊費	―	16,000	30,000
その他	5,500	6,000	10,000
合計	9,000	27,300	46,200

05 セルの余白が変わった

表内のセルの余白が広がりました。

memo

表の表示位置を変更するには、表の外枠にマウスポインターを移動してドラッグします。

第4章 練習問題

1

表内のセルに文字を入力したあと、次のセルに文字カーソルを移動するキーはどれですか？

① スペース キー　② Tab キー　③ Enter キー

2

表に行や列を追加・削除するときに使うタブはどれですか？

① [挿入] タブ

② [表ツール] の [レイアウト] タブ

③ [表ツール] の [デザイン] タブ

3

グラフを追加するときに左クリックするボタンはどれですか？

Chapter

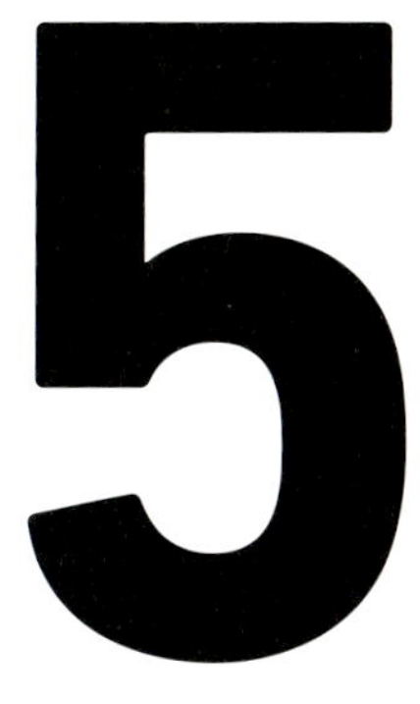

スライドに入れる図を作ろう

この章では、図形を描く方法を紹介します。図形には文字を入力できますので、たとえば、吹き出しの図形を利用して補足情報が目立つように加工することができます。また、SmartArtの機能を利用して、さまざまなパターンの図を簡単に描く方法も紹介します。

›› Visual Index

Chapter 5

スライドに入れる図を作ろう

lesson. 1 吹き出しを作成する

GO ›› P.082

➡

春夏旅グランプリ
参加募集概要

吹き出しが作成された

lesson. 2 吹き出しのスタイルを変更する

GO ›› P.086

➡

lesson. 3 吹き出しのサイズと位置を変更する

GO ›› P.088

➡

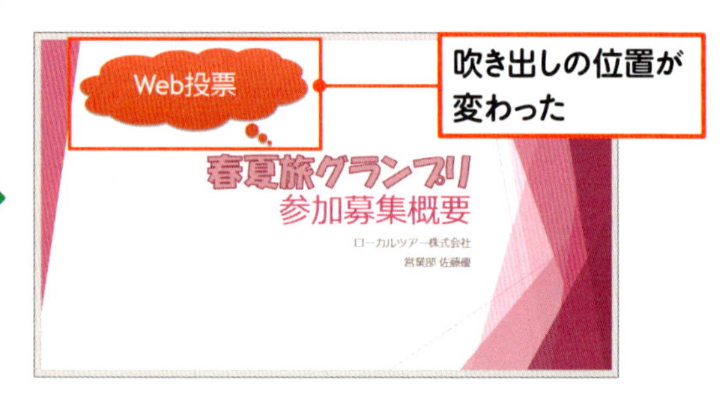

lesson. **4**

SmartArtを作成する

GO ›› P.090

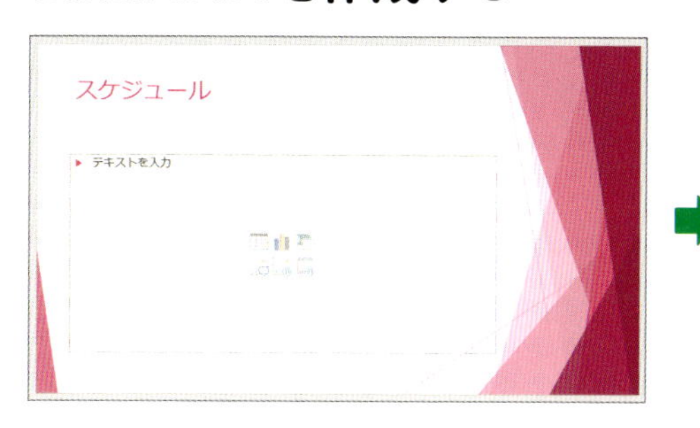

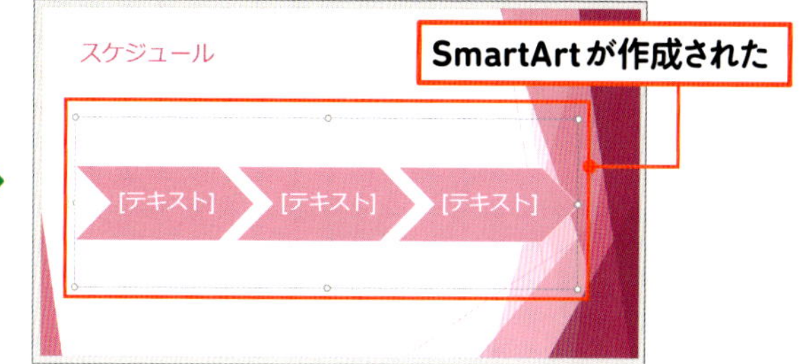

lesson. **5**

SmartArtに文字を入力する

GO ›› P.092

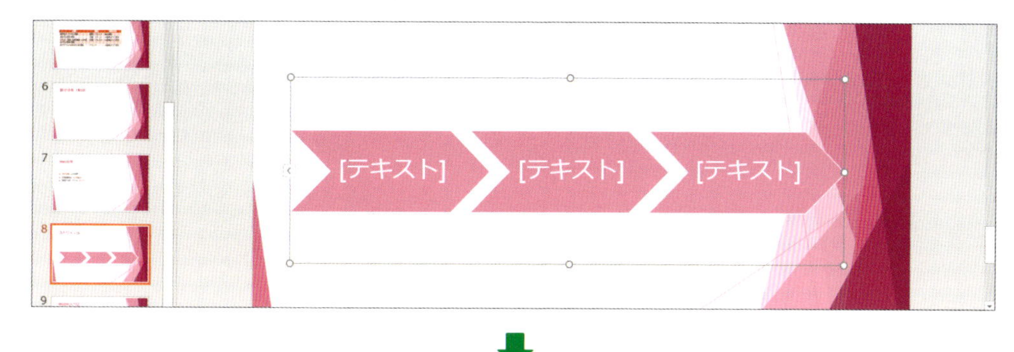

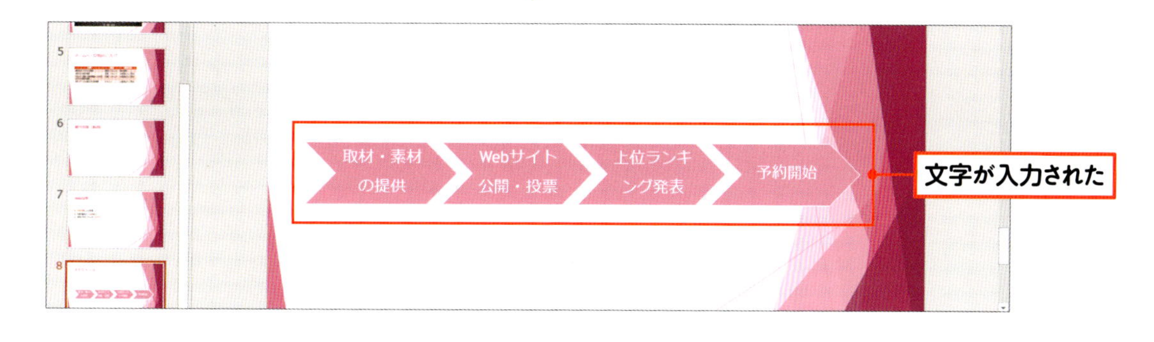

lesson. **6**

SmartArtのスタイルを変更する

GO ›› P.094

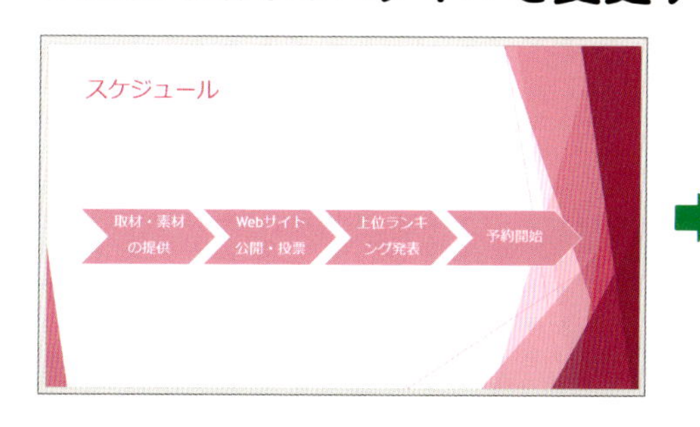

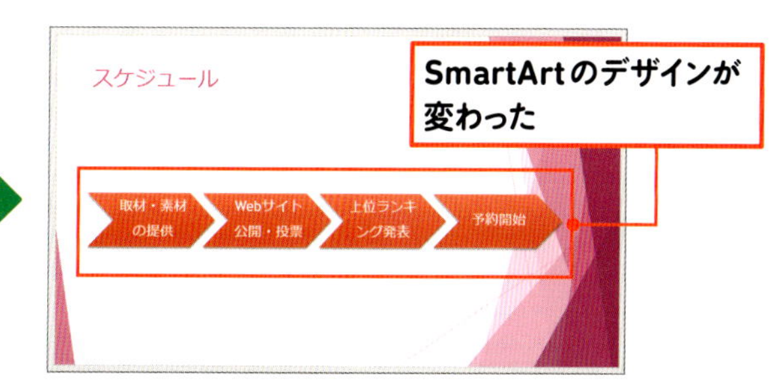

練習ファイル ：05-01a 完成ファイル ：05-01b

5-1 吹き出しを描こう

パワーポイントでは、さまざまな形の図形を簡単に描けます。
ここでは、吹き出しの図形を描いて、図形に文字を表示します。

図形を描く

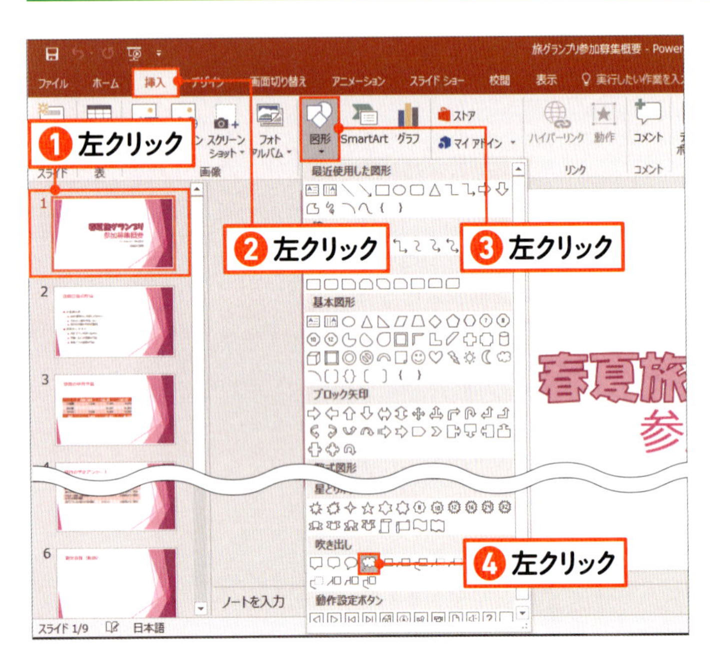

01 図形を選択する

ここでは、吹き出しの図形を描きます。図形を描くスライドを左クリックします❶。［挿入］タブを左クリックします❷。（［図形］ボタン）を左クリックします❸。（［雲形吹き出し］ボタン）を左クリックします❹。

02 図形を描く準備をする

マウスポインターの形が ＋ になります。図形を描く場所の左上にマウスポインターを移動します❶。

図形を描く

斜め下の方向に向かってドラッグします❶。

図形の選択を解除する

指定した図形が描けました。図形以外の空いているところを左クリックします❶。

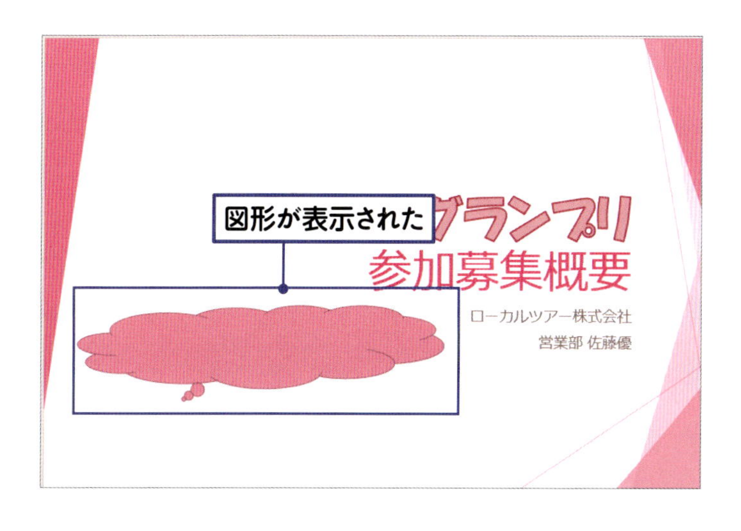

図形が表示された

図形の選択が解除されます。図形が表示されます。

文字を入力する

01 図形を選択する

図形を左クリックします❶。

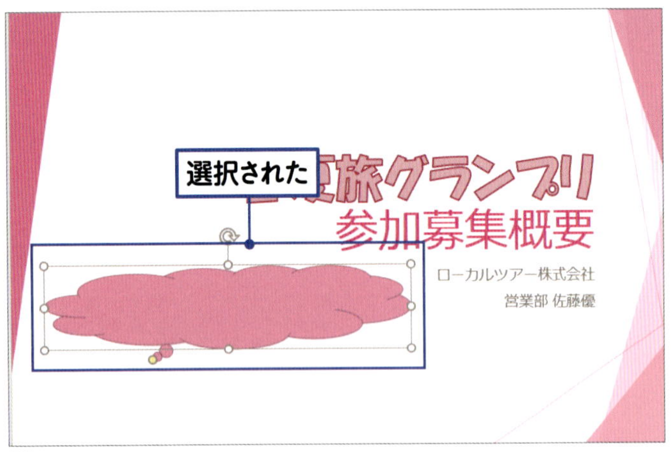

02 図形が選択された

図形が選択され、図形の周囲に実線の枠が表示されます。

memo

図形に既に文字が入力されている場合、図形内の文字を左クリックすると、文字カーソルが表示されます。

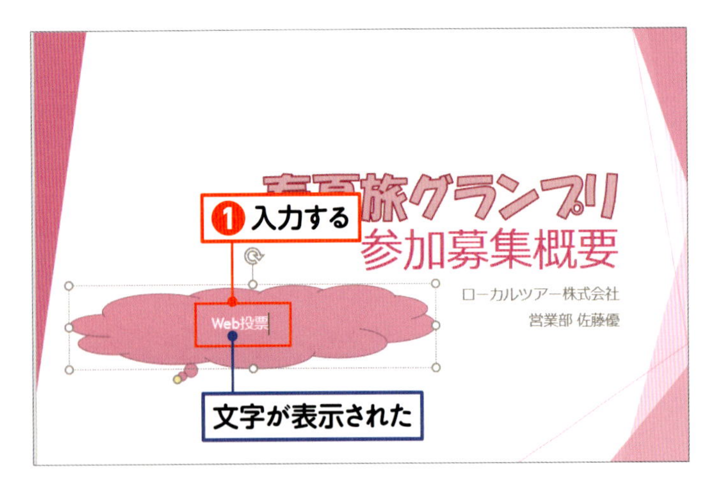

03 文字を入力する

文字を入力します❶。図形の中に文字が表示されます。

文字の大きさを変更する

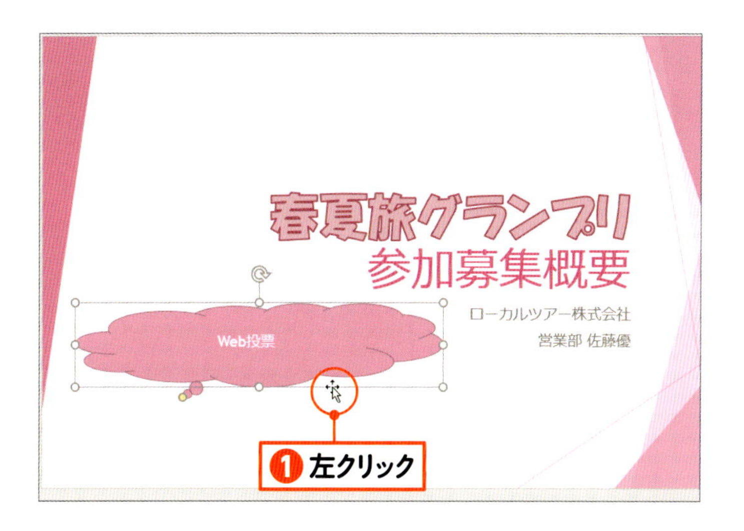

01 図形を選択する

図形の外枠を左クリックして❶、図形全体を選択します。図形の周囲に実線の枠が表示されていることを確認します。

memo

図形に文字を入力しているときは、図形の周囲に点線の枠が表示されます。図形全体を選択すると、図形の周囲に実線の枠が表示されます。

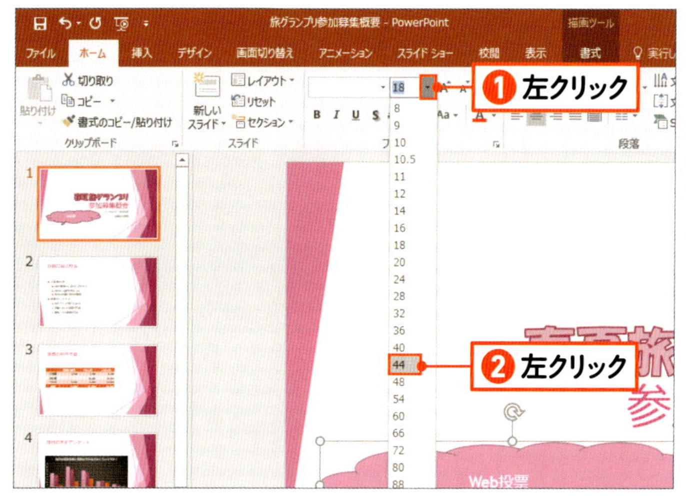

02 文字を大きくする

［ホーム］タブの （［フォントサイズ］ボタン）右側の▼を左クリックします❶。文字の大きさを選び、左クリックします❷。

memo

ここでは、文字の大きさを「44」ポイントにしています。

03 文字の大きさが変わった

図形内の文字の大きさが変わりました。図形以外の空いているところを左クリックします❶。

5-2

吹き出しの見た目を変えよう

図形の色や文字の色などのデザインを変更します。
図形のスタイル機能を利用すると、さまざまな飾りをまとめて設定できます。

図形を選択する

図形を左クリックし❶、図形の外枠部分を左クリックして図形を選択します❷。

スタイル一覧を表示する

［描画ツール］の［書式］タブを左クリックします❶。［図形のスタイル］の ⊽（［その他］ボタン）を左クリックします❷。

03 スタイルを選択する

スタイル一覧が表示されます。気に入ったスタイルを選び、左クリックします❶。

memo

表示されるスタイル一覧の内容は、選択しているテーマによって異なります。また、パワーポイントのバージョンによっても異なります。

04 スタイルが変わった

図形の色などのデザインが変更されました。

Check! 図形の形を変更する

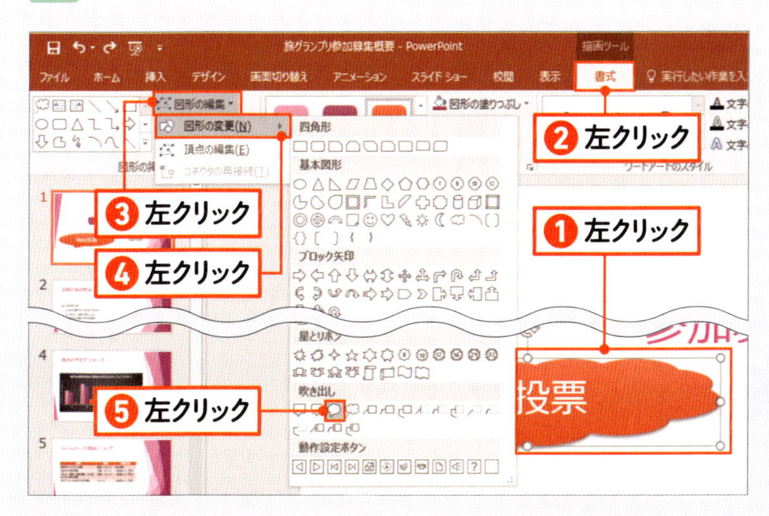

図形を描いたあとに、図形の形を変更するには、図形を左クリックして選択し❶、[描画ツール]の[書式]タブをクリックし❷、図形の編集（[図形の編集]ボタン）を左クリックします❸。続いて 図形の変更(N) を左クリックし❹、図形の形を選び、左クリックします❺。図形に文字が入力されている場合、文字の内容はそのまま表示されます。

練習ファイル：05-03a　完成ファイル：05-03b

5-3 吹き出しのサイズと位置を変えよう

図形の位置を変更したり、サイズを変更したりする方法を知りましょう。
吹き出しの図形の場合は、吹き出し口の位置なども調整できます。

01 図形を移動する

図形を左クリックします❶。図形の外枠部分にマウスポインターを移動します❷。マウスポインターの形が になります。

02 図形を移動する

図形の外枠部分を図形の移動先に向かってドラッグします❶。すると、図形が移動します。

memo

図形の上の のハンドルを斜めにドラッグすると、図形が回転します。

03 大きさを変える

図形の周囲に表示されているハンドルにマウスポインターを移動します❶。マウスポインターの形が ⤡ になります。ドラッグして大きさを変更します❷。

> **memo**
> 図形の4隅に表示されているハンドルをドラッグすると図形の縦横の大きさを、左右のハンドルをドラッグすると図形の幅を、上下のハンドルをドラッグすると図形の高さを変更できます。

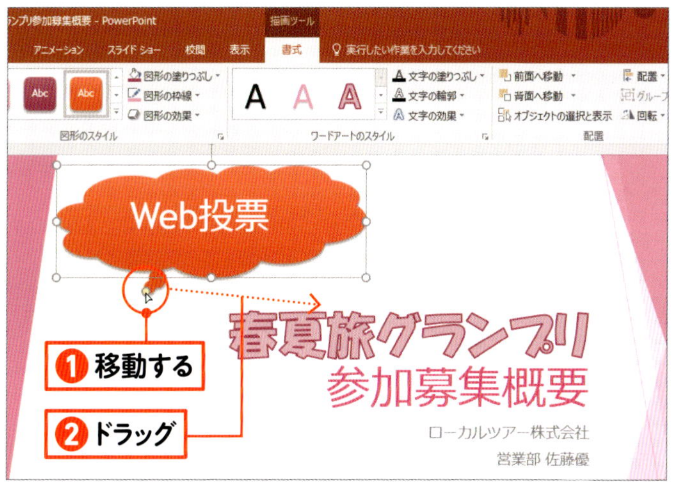

04 吹き出し口の位置を変更する

図形の大きさが変わりました。黄色のハンドルにマウスポインターを移動します❶。移動先にドラッグします❷。

> **memo**
> 図形を選択したときに黄色いハンドルが表示される場合、黄色のハンドルをドラッグすると図形の形を調整できます。

05 図形の形が変わった

図形の位置や大きさ、吹き出し口の位置が変更されました。

SmartArtで図を作ろう

SmartArtを使うと、手順や階層構造などのさまざまな図を簡単に描けます。箇条書きで文字を入力するだけで、複数の図形を含む図が完成します。

SmartArtを作成する

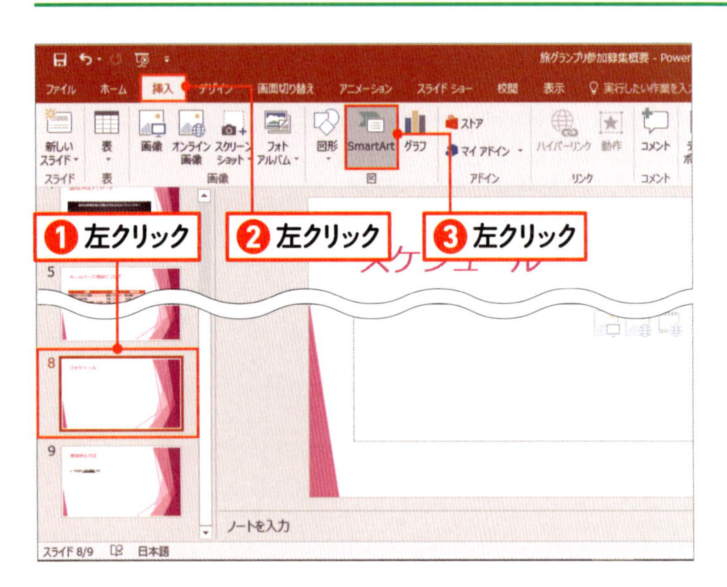

01 SmartArtを挿入する

SmartArtの図を挿入するスライドを左クリックします❶。［挿入］タブを左クリックします❷。（［SmartArtグラフィックの挿入］ボタン）を左クリックします❸。

memo

コンテンツを入力するプレースホルダーの（［SmartArtグラフィックの挿入］ボタン）を左クリックしても、SmartArtの図を挿入できます。

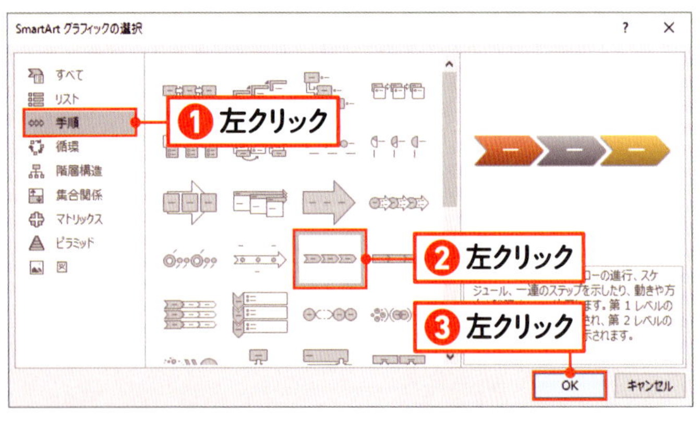

02 レイアウトを選択する

図の分類を左クリックします❶。図の種類を左クリックして❷、OK を左クリックします❸。

memo

ここでは、図の分類は 手順 、図の種類は を選択しています。

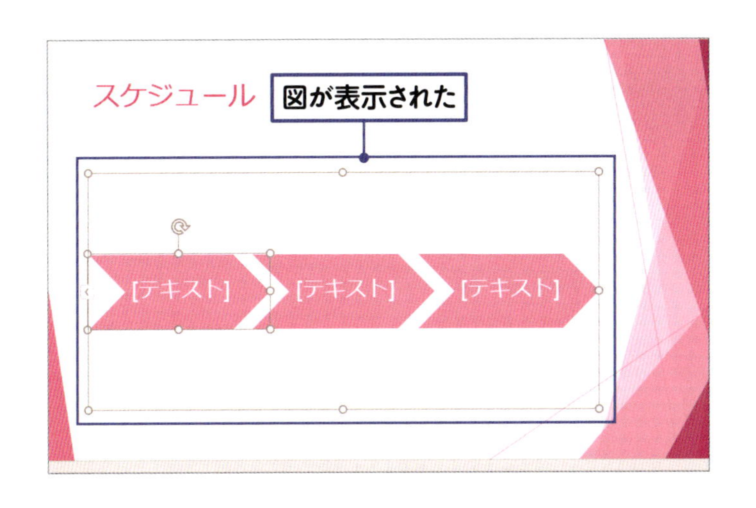

03 SmartArtが表示された

SmartArtの図が表示されます。SmartArtには、あらかじめ複数の図形が含まれます。

SmartArtの大きさを変更する

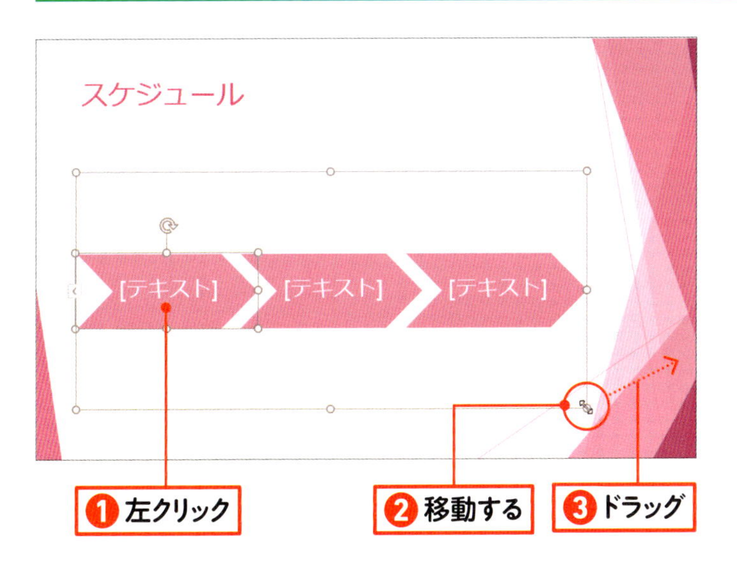

01 SmartArtの大きさを変更する

SmartArtを左クリックします❶。SmartArtの周囲に表示されるハンドルにマウスポインターを移動します❷。マウスポインターの形が になります。ハンドルをドラッグします❸。

memo

SmartArtの四隅のハンドルをドラッグすると縦横の大きさを、左右のハンドルをドラッグすると幅を、上下のハンドルをドラッグすると高さを変更できます。

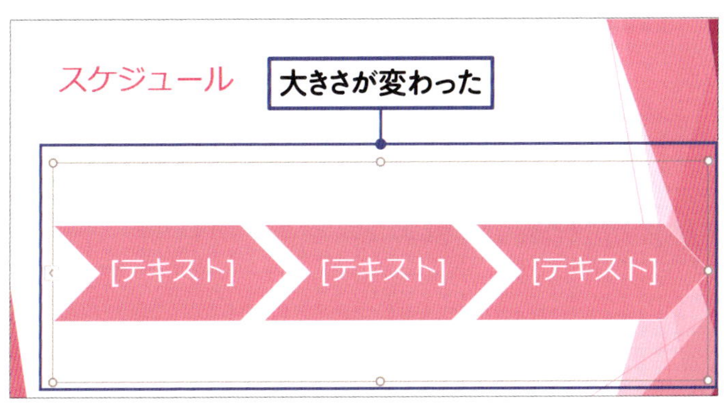

02 大きさが変わった

SmartArtの大きさが変わりました。

memo

SmartArtを移動するには、SmartArtの外枠部分をドラッグします。

5-5 SmartArtに文字を入力しよう

SmartArtの図に表示する文字を入力しましょう。
ここでは、テキストウィンドウを使用して文字を入力します。

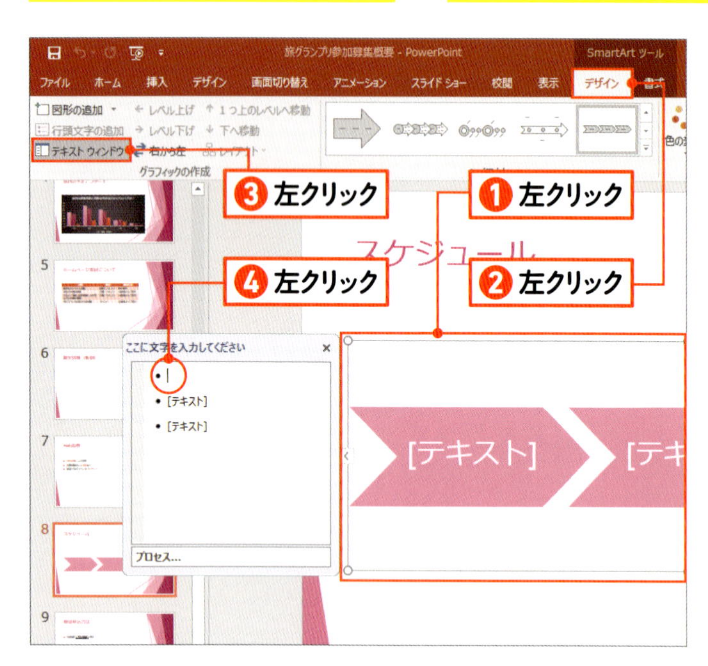

01 テキストウィンドウを表示する

SmartArtを左クリックして選択します❶。[SmartArtツール]の[デザイン]タブを左クリックします❷。テキストウィンドウ（[テキストウィンドウ]ボタン）を左クリックすると❸、テキストウィンドウが表示されます。一番上の項目を左クリックします❹。

memo

テキストウィンドウ（[テキストウィンドウ]ボタン）を左クリックすると、テキストウィンドウの表示／非表示が切り替わります。

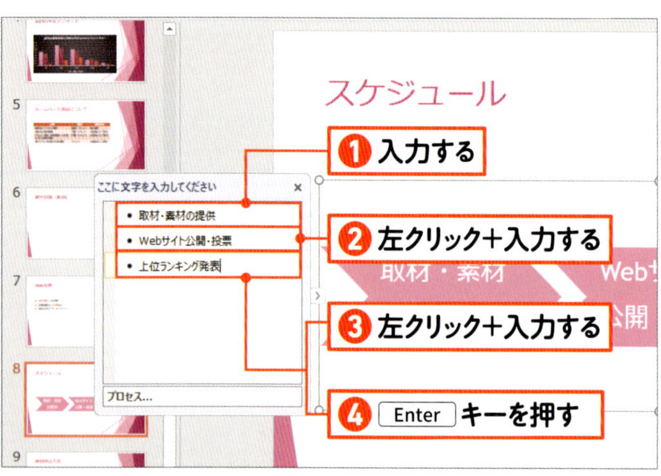

02 文字を入力する

左のように文字を入力します❶。次の項目を左クリックして文字を入力します❷。次の項目を左クリックして文字を入力します❸。Enter キーを押します❹。

文字を入力する

左のように文字を入力します❶。SmartArt以外の箇所を左クリックすると❷、SmartArtの選択が解除されます。

memo

Enter キーを押すと、新しい項目と図形が追加されます。文字を入力すると図形に文字が入ります。

Check! 箇条書きのレベルを設定する

選択したSmartArtによっては、箇条書きの項目にレベルを指定できます。その場合、項目の行頭で Tab キーを押すと❶、レベルが下がり下の階層の項目を入力できます❷。行頭で Shift ＋ Tab キーを押すと、レベルが上がります。

練習ファイル：05-06a　完成ファイル：05-06b

5-6 SmartArtの見た目を変えよう

SmartArtの図形の質感や色などのデザインを変更します。
デザインの一覧から気に入ったものを選ぶだけで、簡単に変更できます。

スタイルを変更する

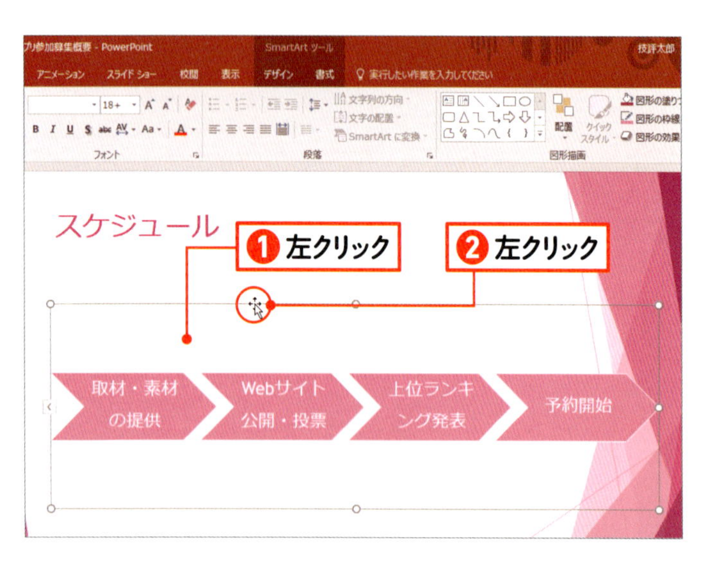

01 SmartArtを選択する

SmartArtを左クリックし❶、外枠部分を左クリックして選択します❷。

02 スタイル一覧を表示する

［SmartArtツール］の［デザイン］タブを左クリックします❶。［SmartArtのスタイル］の ▼（［その他］ボタン）を左クリックします❷。

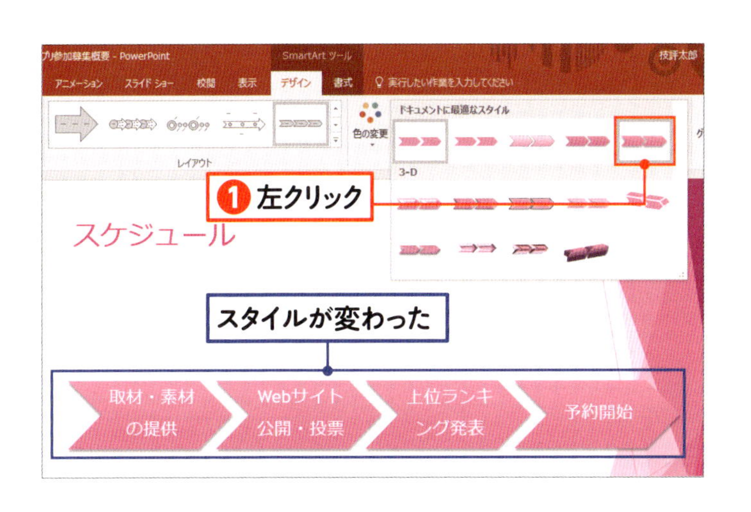

03 スタイルを選択する

スタイルの一覧が表示されます。気に入ったスタイルを選んで左クリックします❶。

色合いを変更する

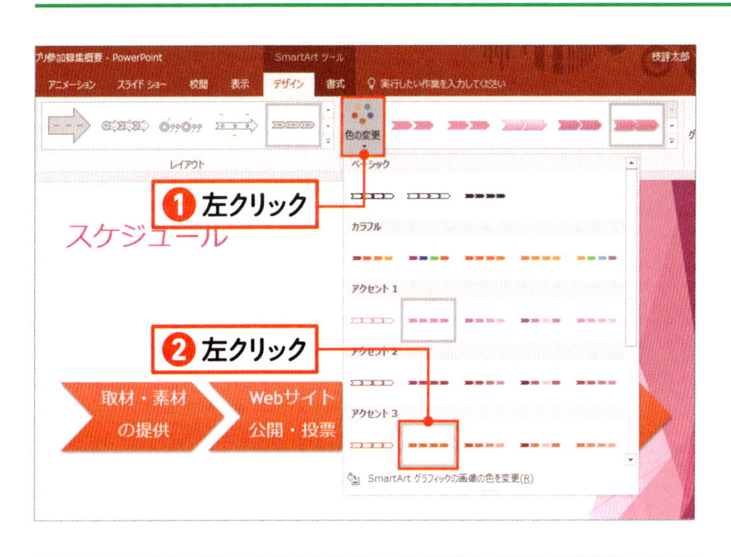

01 色合いを選択する

[SmartArtツール]の[デザイン]タブの([色の変更]ボタン)を左クリックします❶。色を選び左クリックします❷。

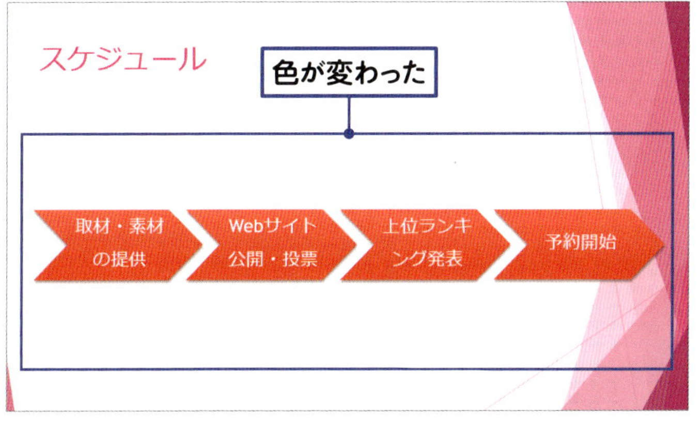

02 色合いが変わった

SmartArtの色合いが変更されました。

第5章 練習問題

1

図形を描くときに左クリックするボタンはどれですか?

2

図形を移動するときにドラッグする場所はどこですか?

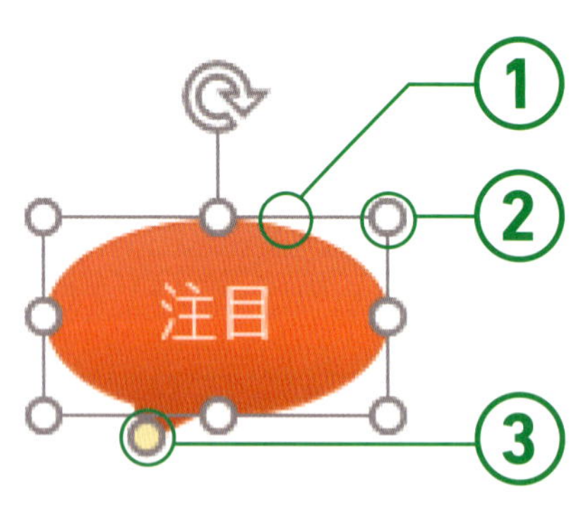

3

SmartArtの図を追加するときに左クリックするボタンはどれですか?

Chapter

イラスト・写真・動画を利用しよう

この章では、イラストや写真、動画や音声などをスライドに入れる方法を紹介します。誰が見てもわかりやすい資料を作成するために、イラストや写真などの扱い方を知りましょう。動画を利用する場合は、動画を全画面で表示するといった再生方法も指定できます。

>> Visual Index

Chapter 6

イラスト・写真・動画を利用しよう

lesson. **1**

イラストを挿入する

GO >> P.100

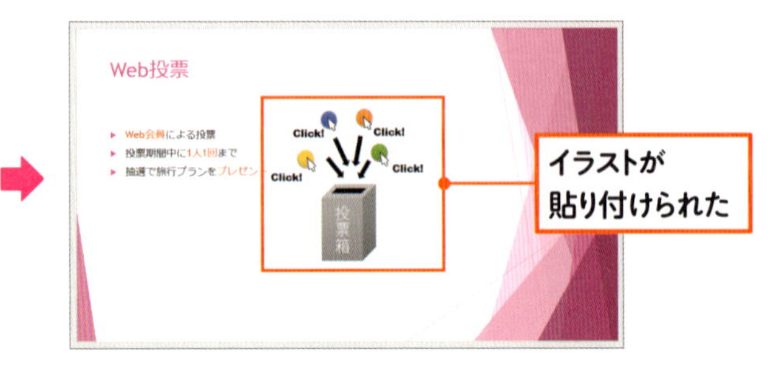

lesson. **2**

イラストの配置を変える

GO >> P.102

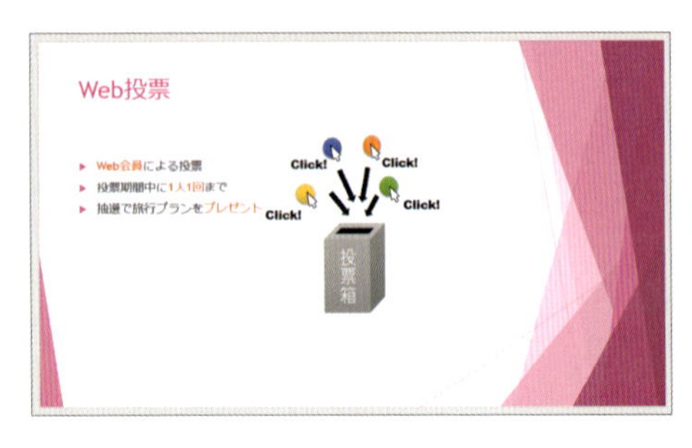

lesson. **3**

写真を挿入する

GO >> P.104

lesson. **4**

写真を加工する

GO ›› P.106

lesson. **5**

動画を挿入する

GO ›› P.110

lesson. **6**

動画の再生方法を指定する

GO ›› P.114

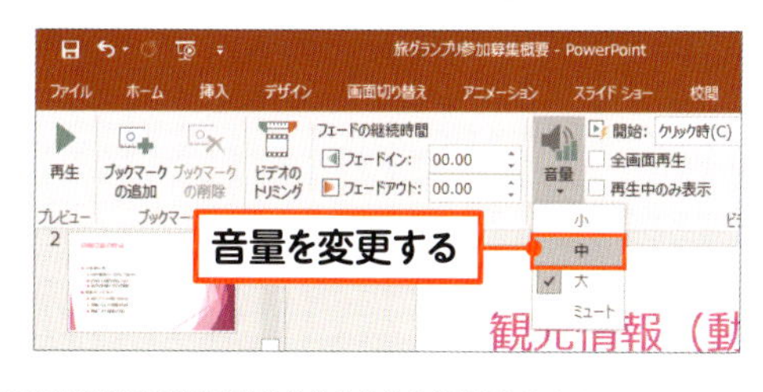

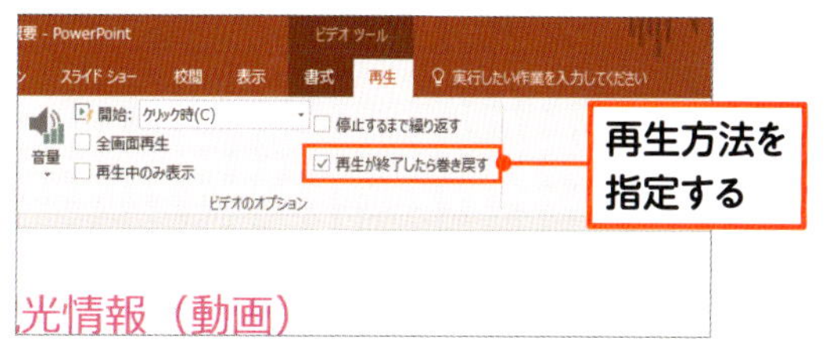

lesson. **7**

音声を挿入する

GO ›› P.116

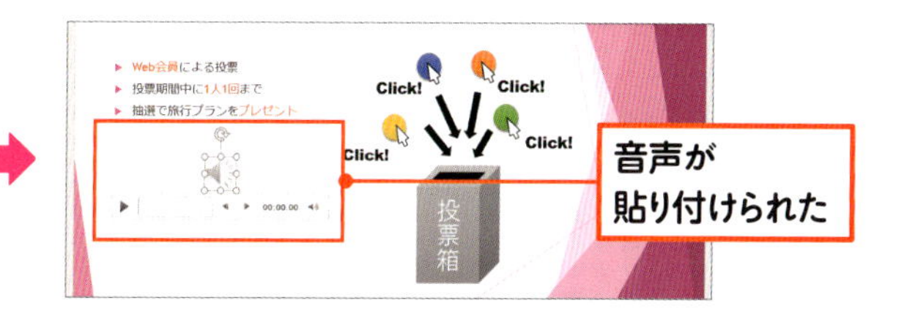

lesson. **8**

スライドの切り替え時に音を鳴らす

GO ›› P.118

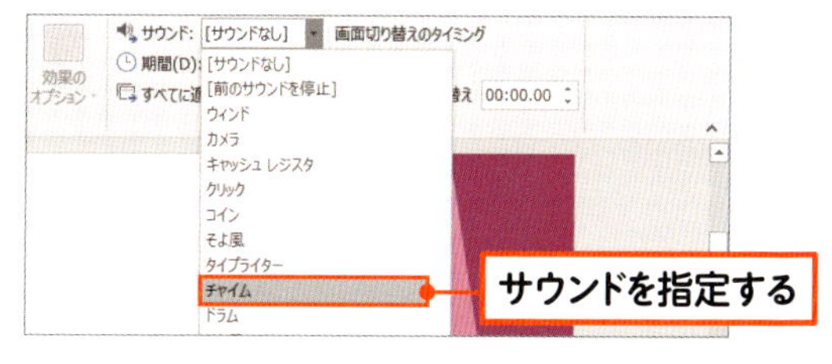

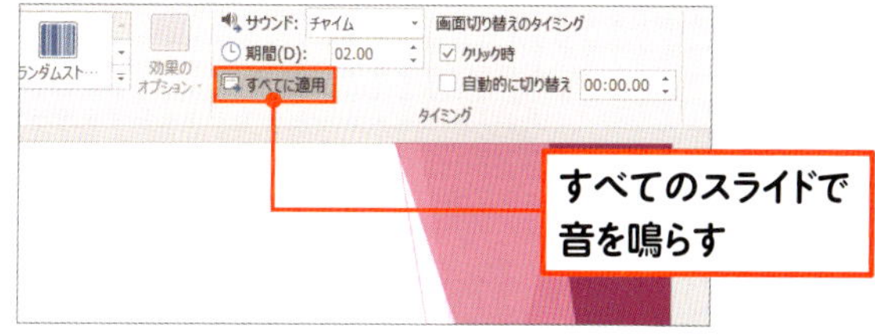

練習ファイル ：06-01a　完成ファイル ：06-01b

lesson.

6-1 イラストを貼り付けよう

イラストを使うと、スライドで何を紹介しているか瞬時にイメージしてもらうことができます。スライドの内容に合ったイラストを入れましょう。

01 イラストを追加する準備をする

イラストを追加するスライドを左クリックします①。［挿入］タブを左クリックします②。（［図］ボタン）を左クリックします③。

memo

コンテンツを入れるプレースホルダーに表示されている（［図］ボタン）を左クリックしても、イラストを追加できます。

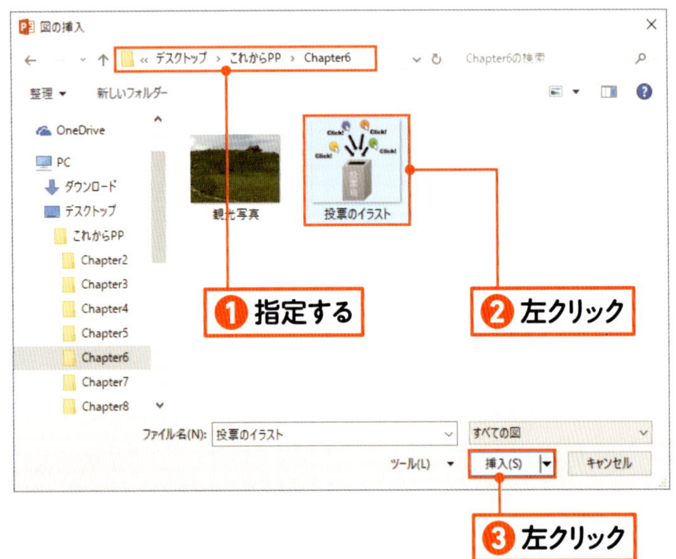

02 イラストを選択する

［図の挿入］画面が表示されます。イラストが保存されている場所を指定します①。イラストを左クリックします②。挿入(S) を左クリックします③。

memo

ここでは、練習ファイルの「投票のイラスト」を選択しています。

03 ウィンドウを閉じる

イラストが追加されました。［デザインアイデア］の画面が表示された場合は、×（［閉じる］ボタン）を左クリックします❶。

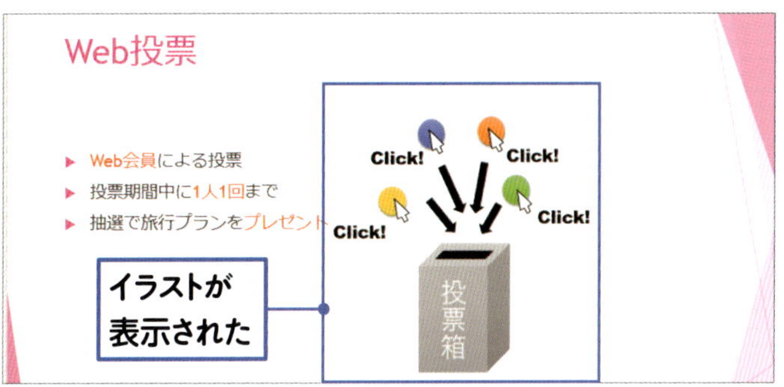

04 イラストが表示された

［デザインアイデア］の画面が閉じます。イラストが表示されます。

Check! インターネットからイラストを探す

インターネットからイラストを検索して配置するには、［挿入］タブの（［オンライン画像］ボタン）を左クリックします。すると、左のような画面が表示されます。検索キーワードを入力して❶、を左クリックすると❷、検索結果が表示されます。利用するイラストを左クリックして❸、挿入を左クリックすると❹、スライドにイラストが配置されます。なお、インターネット上のイラストを使用する際には、使用条件などを確認しましょう。イラストを選択すると表示される黒い部分を左クリックすると、イラストの作者や使用条件などの情報を確認できる場合があります。

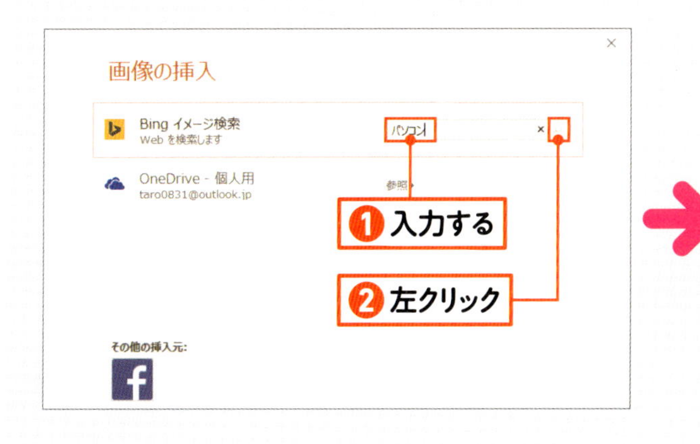

6-2 イラストの大きさや配置を変えよう

イラストを挿入したあと、大きさや配置を整えることができます。
ここでは、イラストを大きくして箇条書きの文字の右に配置します。

大きさを変更する

01 イラストを選択する

イラストを左クリックして選択します❶。イラストの周囲に ○ のハンドルが表示されます。○ にマウスポインターを移動します❷。マウスポインターの形が ⤡ になります。

02 大きさを変更する

○ をドラッグしてイラストの大きさを変更します❶。

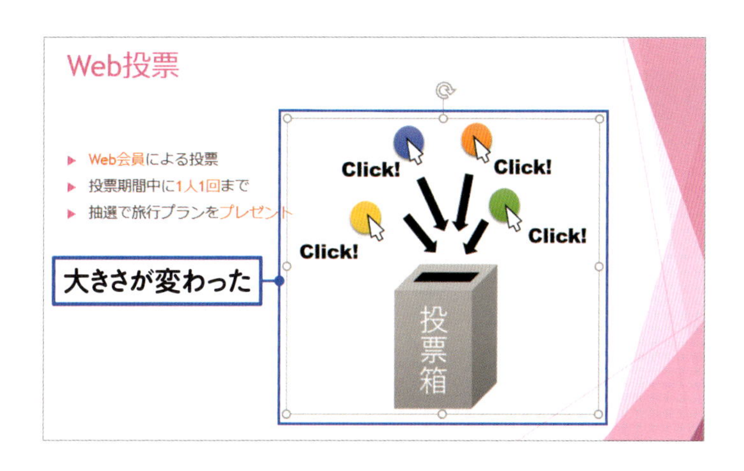

03 大きさが変わった

イラストの大きさが変更されました。

memo

イラストを小さくするには、イラストの内側に向かってドラッグします。大きくするには、外側に向かってドラッグします。

移動する

01 移動する

イラストの外枠にマウスポインターを移動します❶。マウスポインターの形が に変わります。移動先に向かってドラッグします❷。

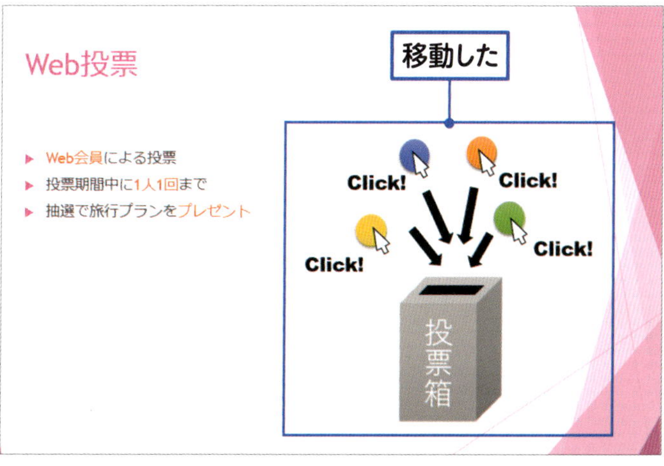

02 移動した

イラストが指定した場所に移動しました。

6-3 写真を貼り付けよう

イラストだけでなく、スライドに写真を追加することもできます。
写真を使うと、具体的なイメージを瞬時に伝えられます。

01 写真を追加する準備をする

写真を追加するスライドを左クリックします❶。［挿入］タブを左クリックします❷。（［図］ボタン）を左クリックします❸。

memo

コンテンツを入れるプレースホルダーに表示されている（［図］ボタン）を左クリックしても写真を追加できます。

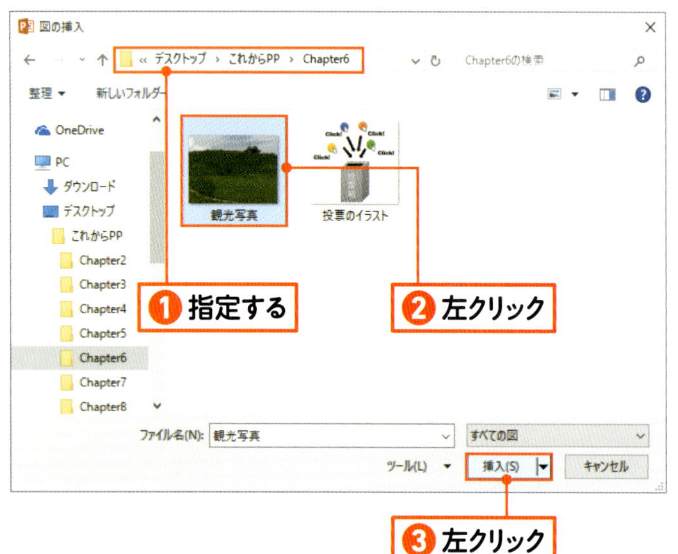

02 写真を選択する

［図の挿入］画面が表示されます。写真が保存されている場所を指定します❶。写真を左クリックします❷。挿入(S) を左クリックします❸。

memo

ここでは、練習ファイルの「観光写真」を選択しています。

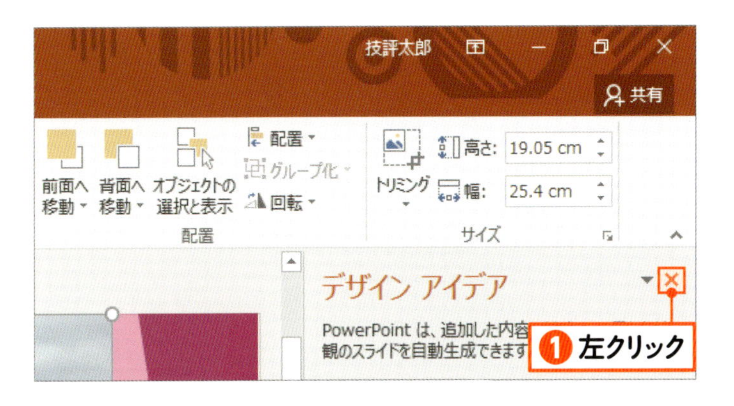

03 ウィンドウを閉じる

写真が追加されました。［デザインアイデア］の画面が表示された場合は、×（［閉じる］ボタン）を左クリックします❶。

04 重ね順を変更する

102～103ページの方法で、写真の大きさや位置を変更します。写真を左クリックして選択します❶。［図ツール］の［書式］タブを左クリックします❷。（［背面へ移動］ボタン）下の▼を左クリックし❸、最背面へ移動(K) を左クリックします❹。

> **memo**
>
> スライドに写真やイラストなどを追加すると、追加した順に上に重なって表示されます。重ね順はあとから変更できます。ここでは、写真を文字の後ろに移動します。

05 重ね順が変わった

写真が文字の後ろに移動しました。

6-4 写真を加工しよう

スライドに入れた写真は、あとからさまざまな加工ができます。
明るさやコントラストを調整したり、飾り枠を付けたりして体裁を整えましょう。

明るさやコントラストなどを調整する

01 写真を選択する

写真を左クリックして選択します❶。

02 明るさを変更する

［図ツール］の［書式］タブを左クリックします❶。 （［修整］ボタン）を左クリックします❷。明るさやコントラストの組み合わせを選び、左クリックします❸。

memo

選択した写真を差し替えるには、図の変更（［図の変更］ボタン）を左クリックして、表示される画面の 参照 をクリックして写真を選択します。また、パワーポイントのバージョンによっては、図の変更 を左クリックし、ファイルから...(E) をクリックして写真を選択します。

03 明るさが変わった

明るさやコントラストが変更されました。

04 色合いを変更する

続いて、(［色］ボタン)を左クリックします❶。色合いを選びます。ここでは、色の彩度を選び、左クリックします❷。

> **memo**
>
> (［アート効果］ボタン)を左クリックすると、写真をイラストのように見せるなど、写真にさまざまなアート効果を適用できます。

05 色合いが変わった

色の彩度が変更されました。

スタイルを設定する

写真を選択する

写真を左クリックして選択します❶。

スタイル一覧を表示する

[図ツール] の [書式] タブを左クリックします❶。 ▼ ([その他] ボタン) を左クリックします❷。

スタイルを選択する

スタイルの一覧が表示されます。スタイルを選び、左クリックします❶。

04 スタイルが変更された

スタイルが変更されました。ここでは、写真の周囲にぼかしの効果が設定されます。

Check! 写真の加工をリセットする

写真の明るさやスタイルなどを変更したあと、それらの書式設定をリセットして元に戻すには、写真を選択し❶、[図ツール]の[書式]タブの 図のリセット（[図のリセット]ボタン）を左クリックします❷。写真のサイズ変更などもリセットするには、図のリセット（[図のリセット]ボタン）右側の▼を左クリックし、図とサイズのリセット(S) を左クリックします。

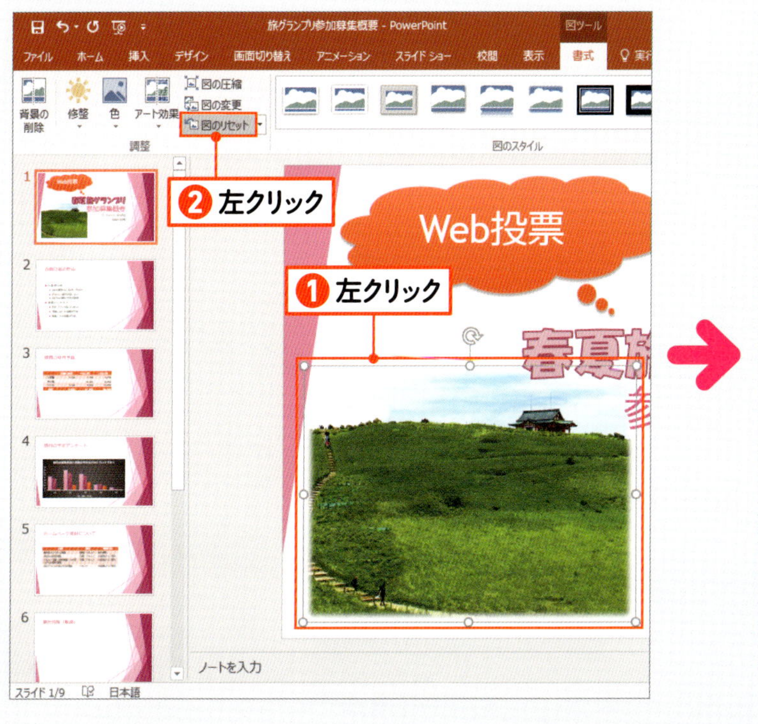

練習ファイル：06-05a　完成ファイル：06-05b

lesson.

6-5 動画を貼り付けよう

スライドには、動画を追加することもできます。スライドに動画を入れておくと、プレゼンテーションの途中でスムーズに動画を再生できます。

動画を貼り付ける

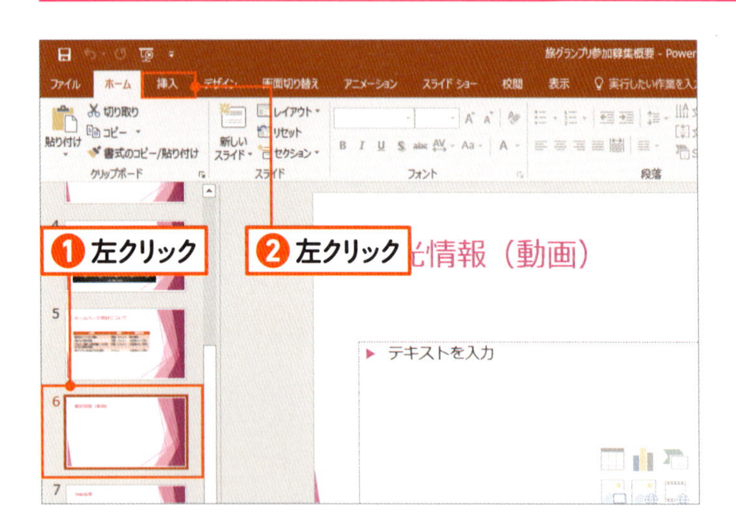

01 スライドを選択する

動画を追加するスライドを左クリックします❶。［挿入］タブを左クリックします❷。

02 動画を貼り付ける準備をする

（［ビデオの挿入］ボタン）を左クリックし❶、このコンピューター上のビデオ(P)... を左クリックします❷。

memo

コンテンツを入れるプレースホルダーに表示されている（［ビデオの挿入］ボタン）を左クリックしても、動画を追加できます。

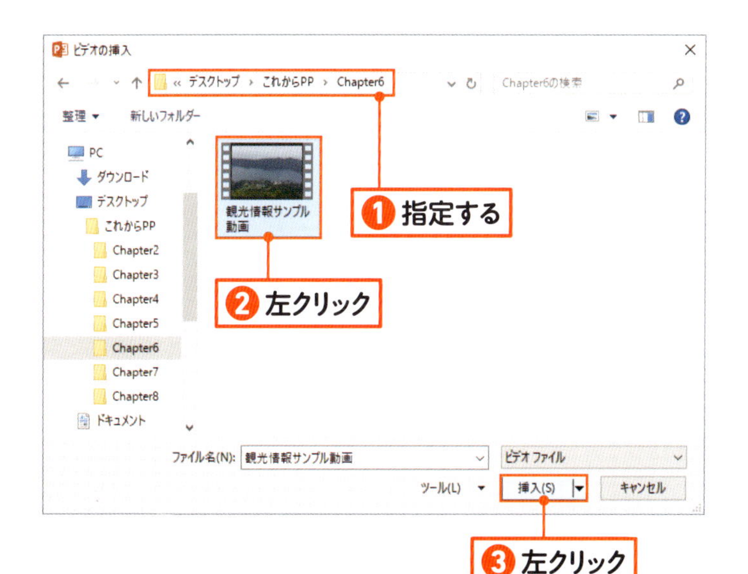

03 動画を選択する

［ビデオの挿入］画面が表示されます。動画の保存先を指定します❶。動画を左クリックします❷。 挿入(S) を左クリックします❸。

memo

ここでは、練習ファイルの「観光情報サンプル動画」を選択しています。

04 ウィンドウを閉じる

動画が追加されました。［デザインアイデア］の画面が表示された場合は、 ×（［閉じる］ボタン）を左クリックします❶。

05 動画が表示された

［デザインアイデア］の画面が閉じます。動画が表示されます。

動画を再生する

01 再生の準備をする

動画にマウスポインターを移動します❶。すると、▶（［再生／一時停止］ボタン）などが表示されます。

02 動画を再生する

▶（［再生／一時停止］ボタン）を左クリックします❶。

03 動画が再生された

動画が再生されます。

memo

再生中に ⏸（［再生／一時停止］ボタン）を左クリックすると、再生が停止します。また、◀ ▶ を左クリックすると、動画を巻き戻したり進めたりできます。

04 動画の再生が終了した

動画の再生が終了しました。

memo

プレゼンテーションを実行するときは、スライドショーの表示モードでスライドを表示します。動画を再生するときは、▶（［再生／一時停止］ボタン）を左クリックします。なお、再生方法は、変更することもできます。114～115ページを参照してください。

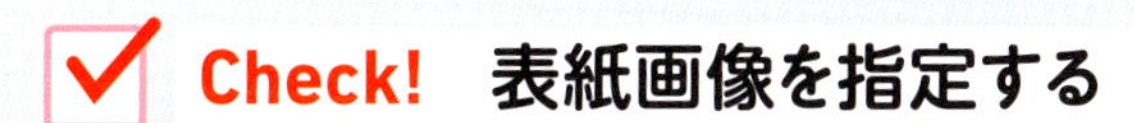

Check! 表紙画像を指定する

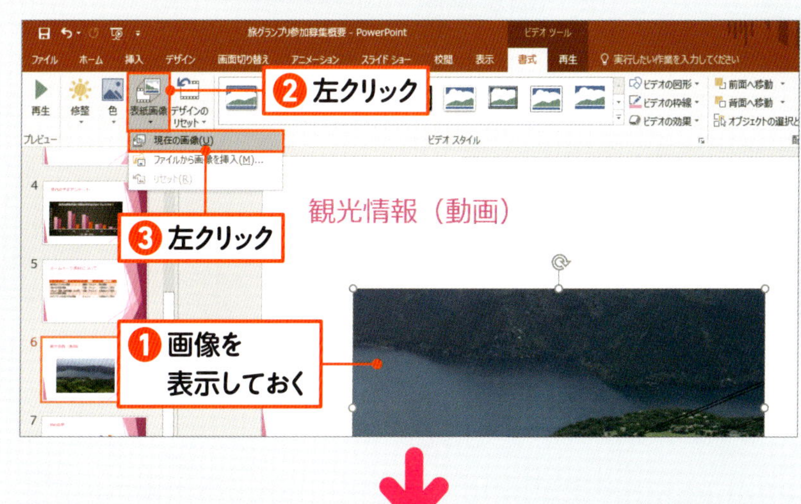

動画の再生前に表示される動画の表紙画像は変更できます。動画の指定した瞬間を表紙画像にするには、表紙画像にしたい箇所で動画を一時停止し❶、［ビデオツール］の［書式］タブの（［表示画像］ボタン）を左クリックし❷、現在の画像(U) を左クリックします❸。

6 イラスト・写真・動画を利用しよう

6-6

動画の再生方法を指定しよう

動画の音量や再生のタイミングなど、再生方法を指定することができます。プレゼンテーションの目的に合わせて設定しましょう。

音量を変更する

動画を選択する

動画を左クリックして選択します❶。

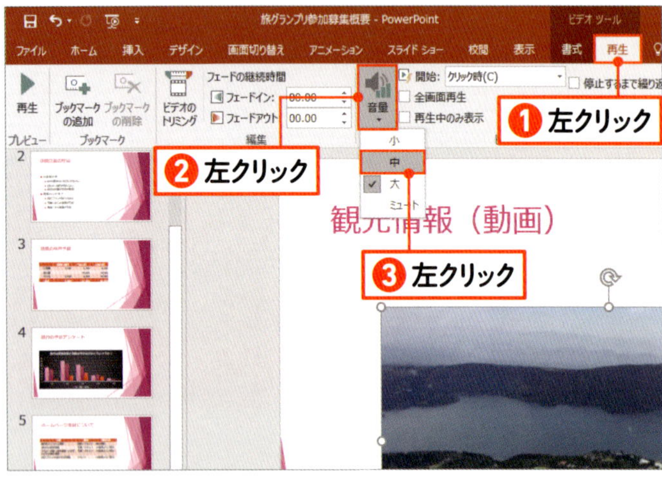

音量を変更する

[ビデオツール] の [再生] タブを左クリックします❶。 ([音量] ボタン) を左クリックします❷。設定したい音量を左クリックします❸。

その他のオプションを指定する

01 再生方法を指定する

［ビデオのオプション］でその他の再生方法を指定します。ここでは、□再生が終了したら巻き戻す を左クリックしてチェックを付けます❶。

memo

スライドショーでスライドが表示されたときに自動で動画を再生するには、開始: クリック時(C) を左クリックして 自動(A) を左クリックします。

02 再生する

112ページの方法で動画を再生します。音量を確認します。また、□再生が終了したら巻き戻す にチェックが付いていると、再生後に表紙の画像に戻ることを確認します。

Check! 全画面で再生する

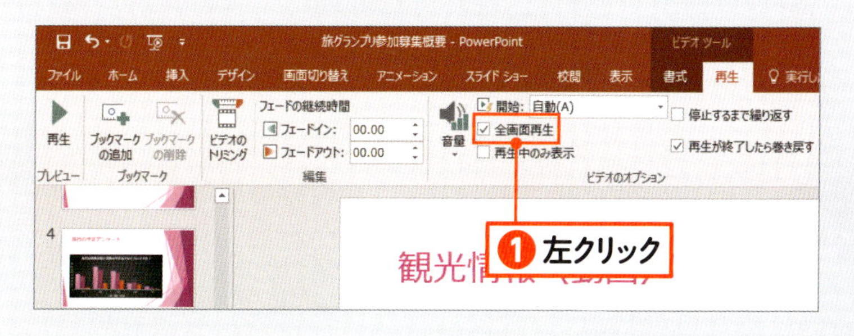

スライドショーを実行して動画を再生するとき、画面いっぱいに拡大して再生するには、［ビデオのオプション］の □全画面再生 を左クリックしてチェックを付けます❶。

6-7 音声ファイルを貼り付けよう

スライドに、音声ファイルを貼り付けることができます。
プレゼンテーションの途中で音楽やナレーションを再生したいときに使いましょう。

01 音声ファイルを追加する準備をする

音声ファイルを追加するスライドを左クリックして［挿入］タブを左クリックします。（［オーディオの挿入］ボタン）を左クリックし❶、このコンピューター上のオーディオ(P)... を左クリックします❷。

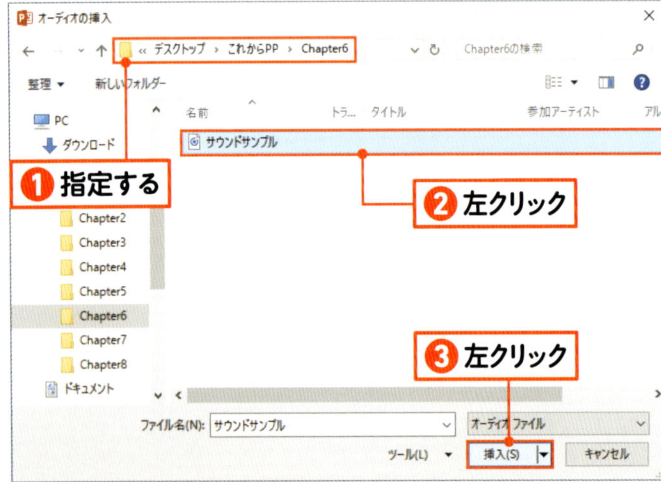

02 音声ファイルを選択する

［オーディオの挿入］画面が表示されます。音声ファイルの保存先を指定します❶。音声ファイルを左クリックします❷。挿入(S) を左クリックします❸。

memo

ここでは、練習ファイルの「サウンドサンプル」を選択しています。

03 ウィンドウを閉じる

音声ファイルが追加されました。［デザインアイデア］の画面が表示された場合は、✕（［閉じる］ボタン）を左クリックします❶。

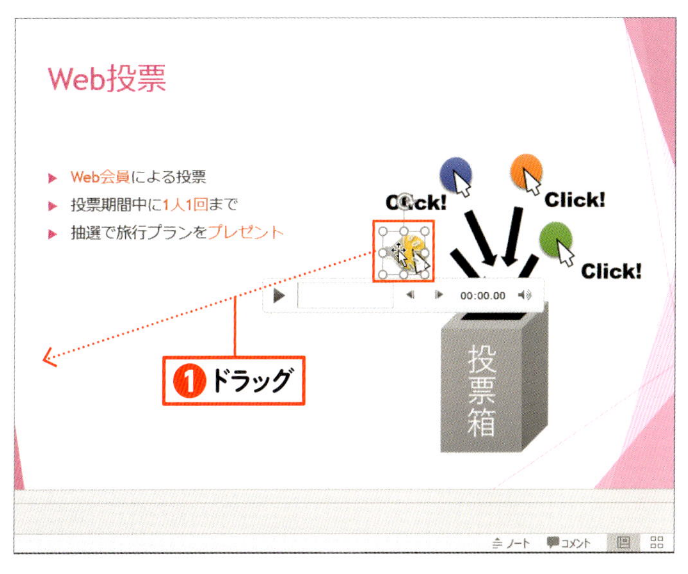

04 音声ファイルを移動する

［デザインアイデア］の画面が閉じます。音声ファイルが表示されます。ここでは、イラストの上に音声ファイルのアイコンが重なっているため、音声ファイルのアイコンにマウスポインターを移動し、ドラッグします❶。

memo

▶を左クリックすると、音声が再生されます。また、音量を変更するには、［音声ツール］の［再生］タブの🔊（［音量］ボタン）を左クリックして指定します。

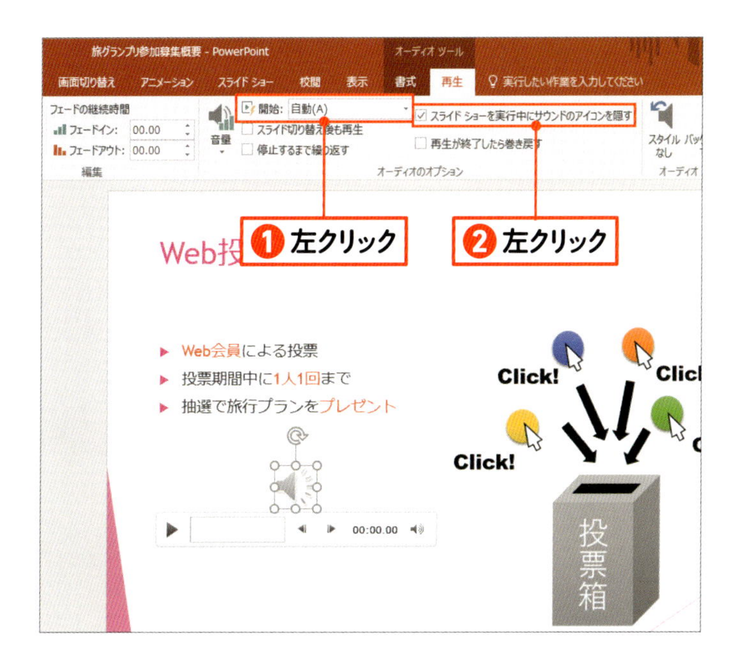

05 音声ファイルが表示された

音声ファイルのアイコンが移動しました。音声ファイルの再生方法を指定します。［開始: クリック時(C)］を左クリックして、［自動(A)］を左クリックします❶。［スライド ショーを実行中にサウンドのアイコンを隠す］を左クリックしてチェックを付けます❷。

memo

ここでは、スライドを切り替えたときに自動的に音声ファイルが再生されるようにしています。また、スライドショー実行時は、音声ファイルのアイコンが非表示になるようにしています。

lesson.

6-8

練習ファイル：06-08a　完成ファイル：06-08b

スライドの切り替え時に音を鳴らそう

スライドの切り替え時に音を鳴らして、聞き手の注目を集める工夫をしましょう。ここでは、2枚目のスライドを表示するときにチャイムの音を鳴らします。

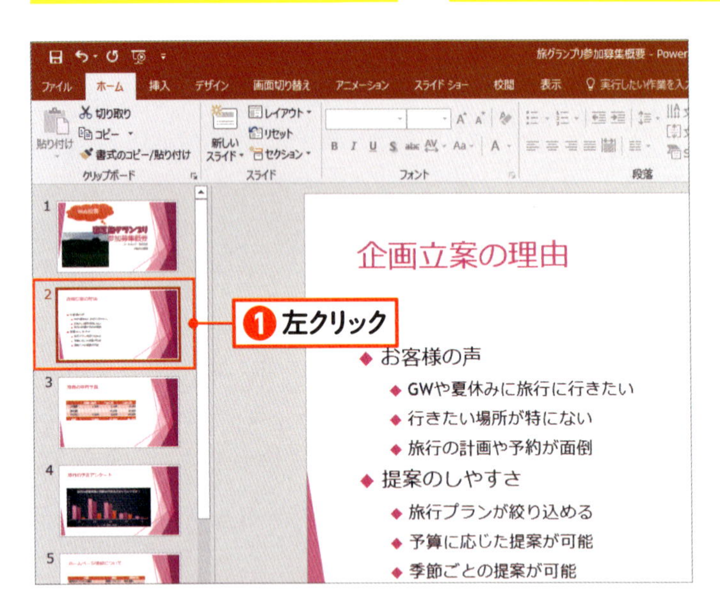

01 スライドを選択する

スライドを表示したときに音を鳴らしたいスライドを左クリックします❶。

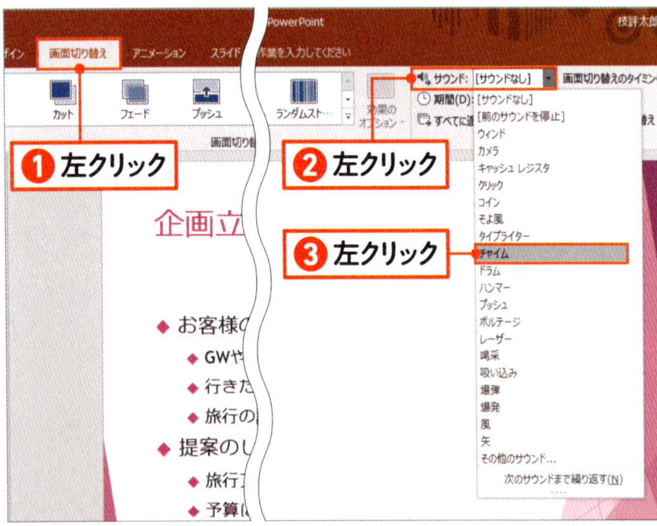

02 サウンドを指定する

［画面切り替え］タブを左クリックします❶。［サウンド：［サウンドなし］］（［サウンド］）を左クリックして❷、サウンドの種類を左クリックします❸。

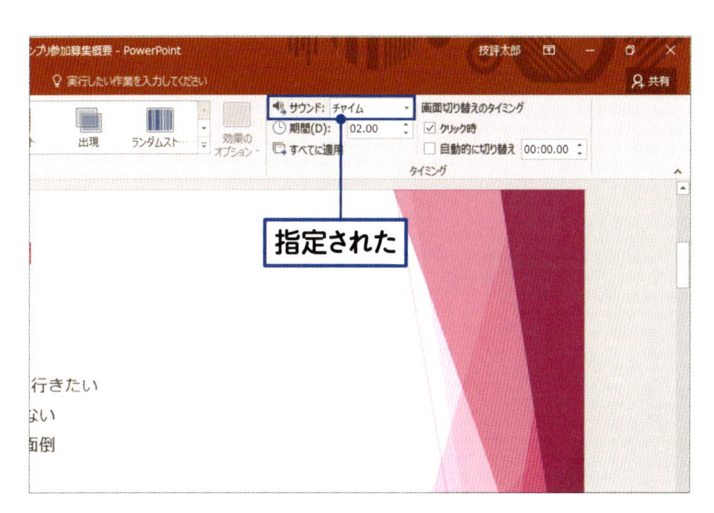

03 サウンドが指定された

画面の切り替え時に再生するサウンドが指定されました。

memo

ここで設定したサウンドは、スライドショーを実行して、2枚目のスライドに切り替えると確認できます。スライドショーの実行方法については、152～153ページで紹介します。

Check! すべてのスライドで音を鳴らす

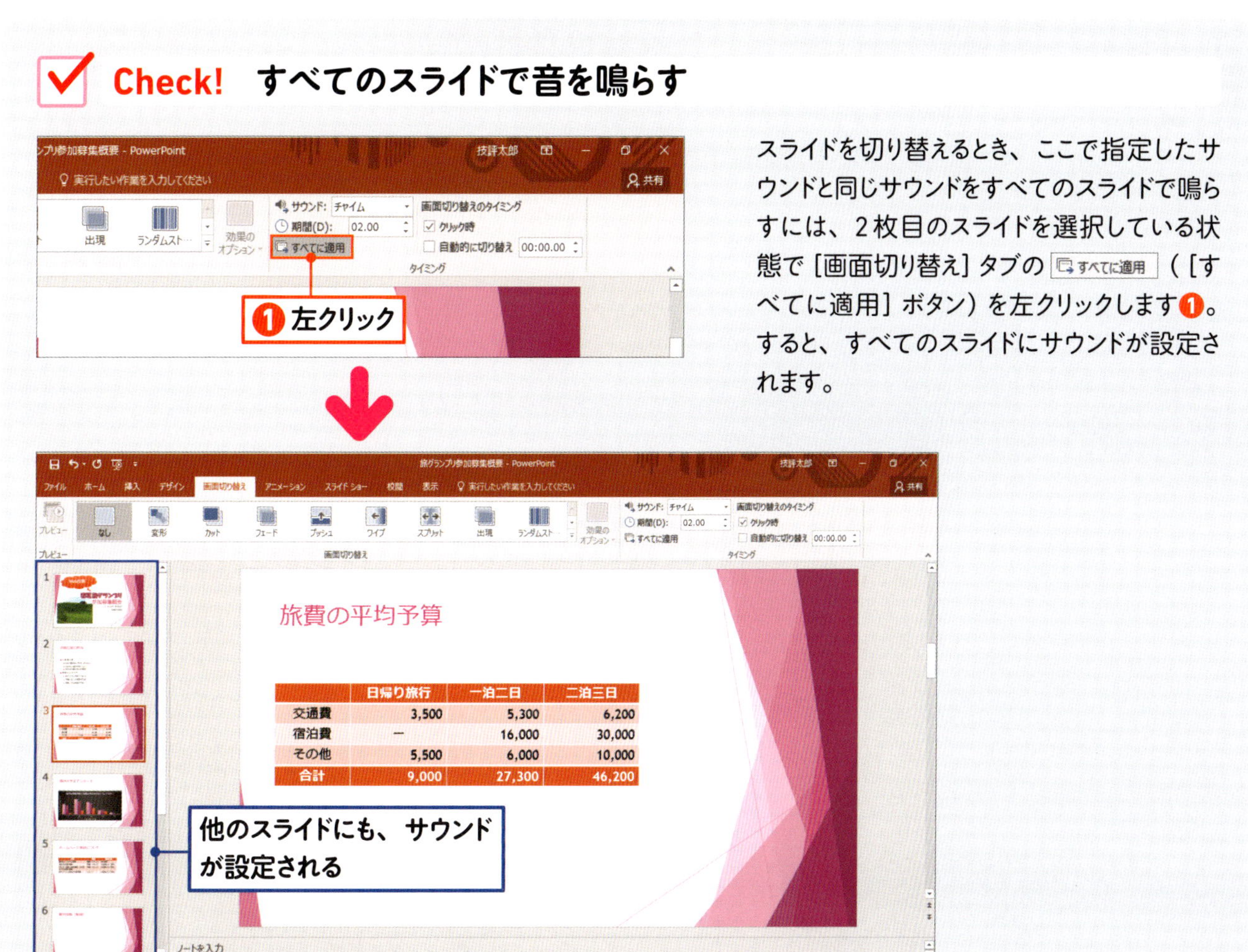

スライドを切り替えるとき、ここで指定したサウンドと同じサウンドをすべてのスライドで鳴らすには、2枚目のスライドを選択している状態で［画面切り替え］タブの すべてに適用 （［すべてに適用］ボタン）を左クリックします❶。すると、すべてのスライドにサウンドが設定されます。

第6章　練習問題

1

パソコンに保存されている写真を追加するときに左クリックするボタンはどれですか？

2

写真の大きさを変更するときにドラッグするところはどこですか？

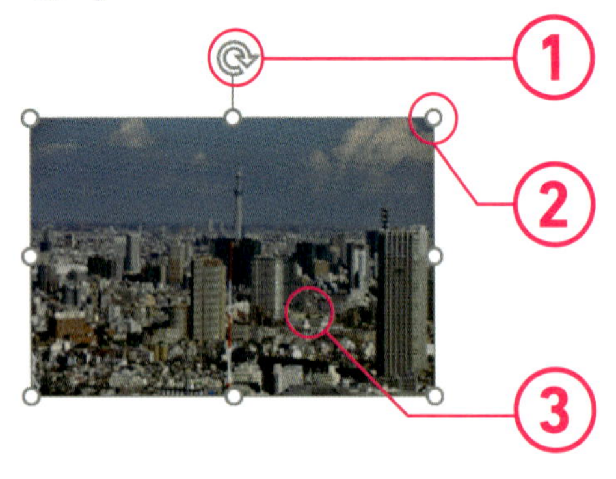

3

動画を追加するときに左クリックするボタンはどれですか？

Chapter

アニメーションを活用しよう

この章では、プレゼンテーションの本番に備えて、スライドの切り替え時に動きを付ける方法を紹介します。また、説明に合わせて箇条書きの項目を順番に表示したり、図の内容を順番に表示したりするなど、アニメーションを活用する方法を紹介します。

›› Visual Index

Chapter 7

アニメーションを活用しよう

lesson. **1** スライド切り替え時に動きを付ける

GO ›› P.124

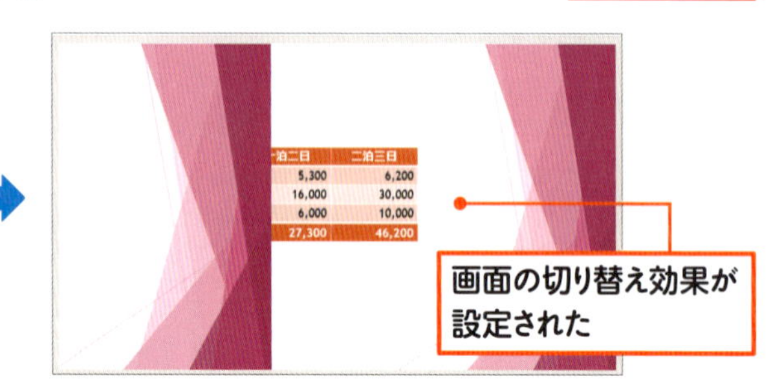

lesson. **2** 文字を順番に表示する

GO ›› P.126

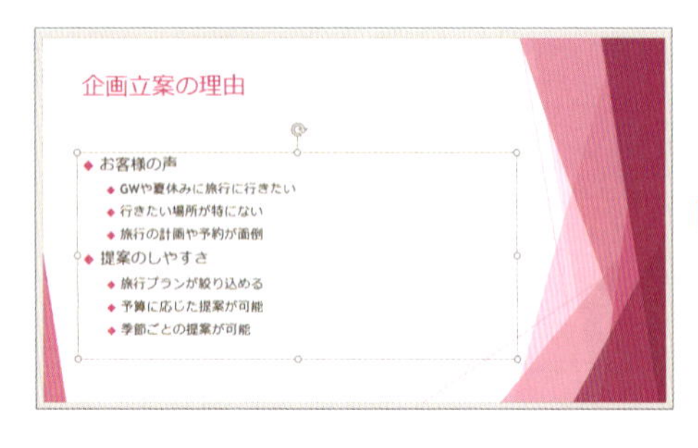

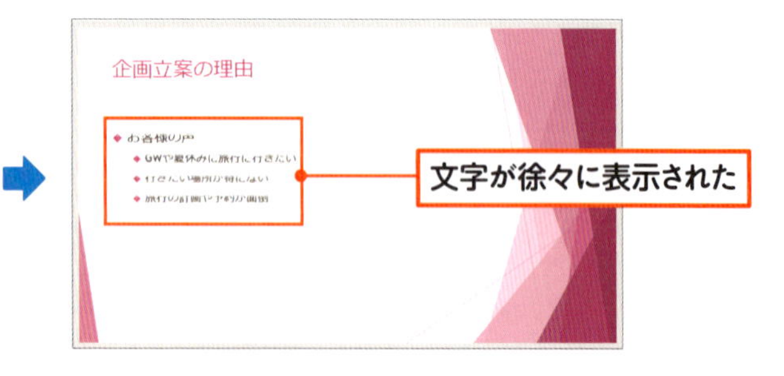

lesson. **3** 文字を左から順に表示する

GO ›› P.128

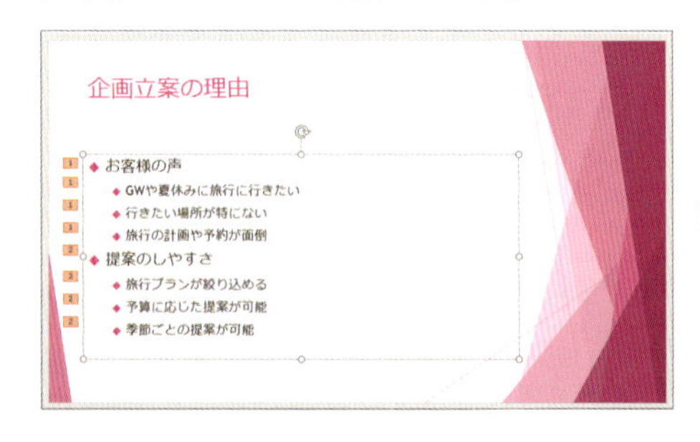

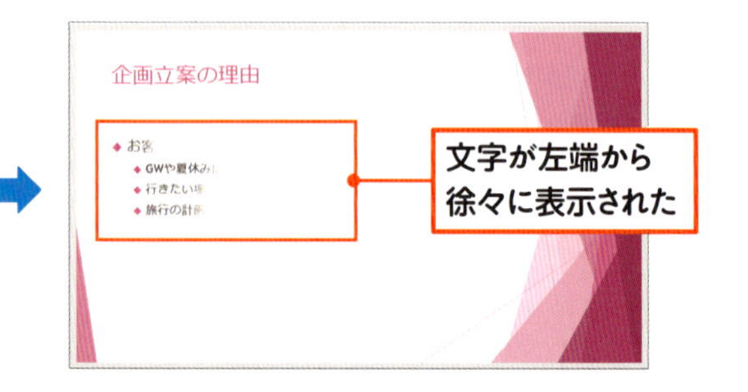

lesson. 4

グラフに動きを付ける

GO ›› P.130

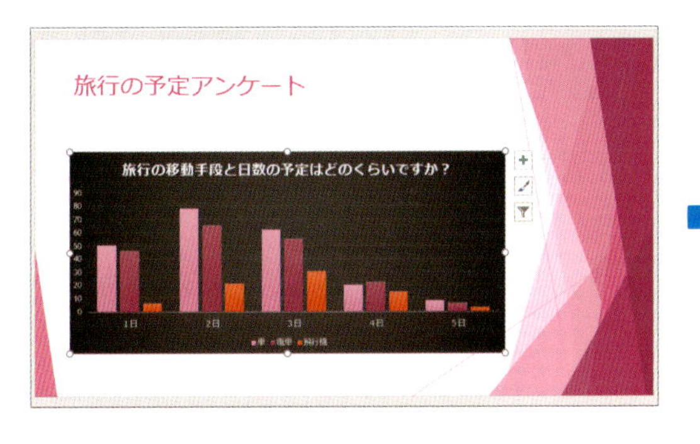

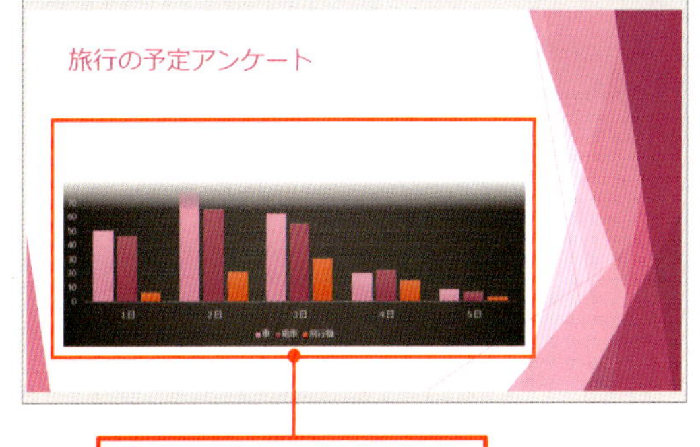

グラフが徐々に表示された

lesson. 5

図を順番に表示する

GO ›› P.134

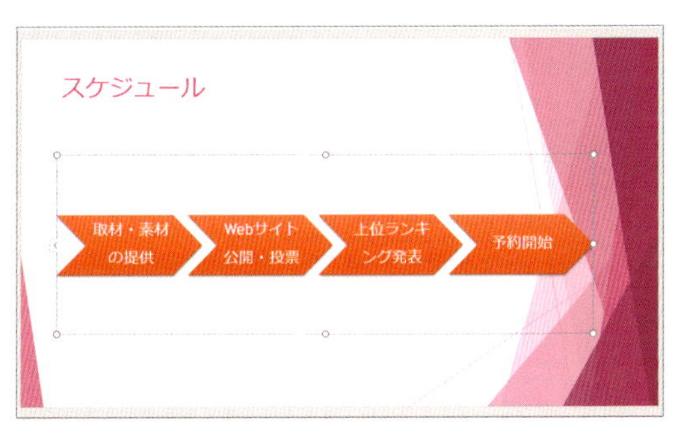

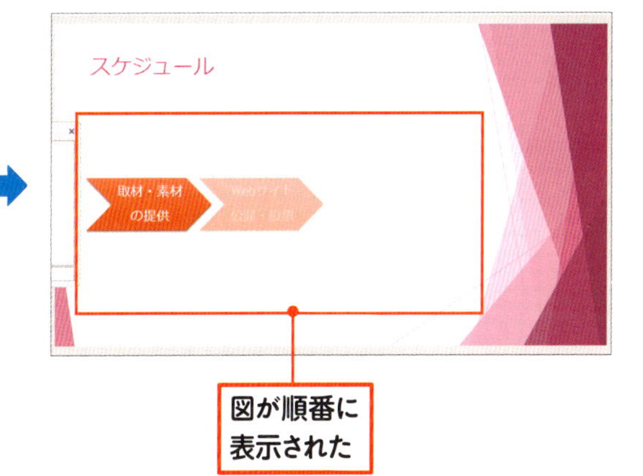

図が順番に表示された

lesson.

2つの図を同時に動かす

GO ›› P.138

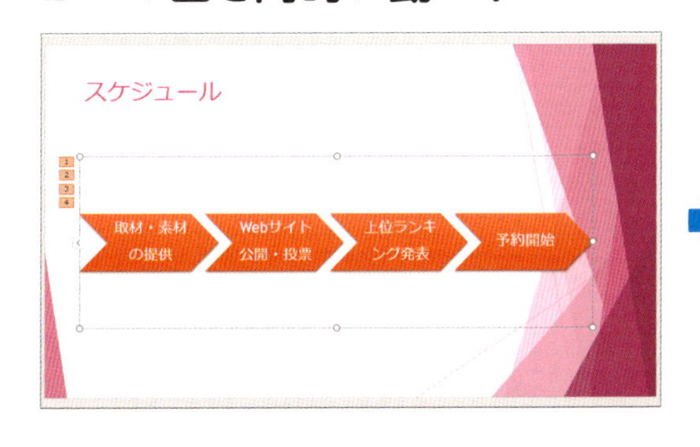

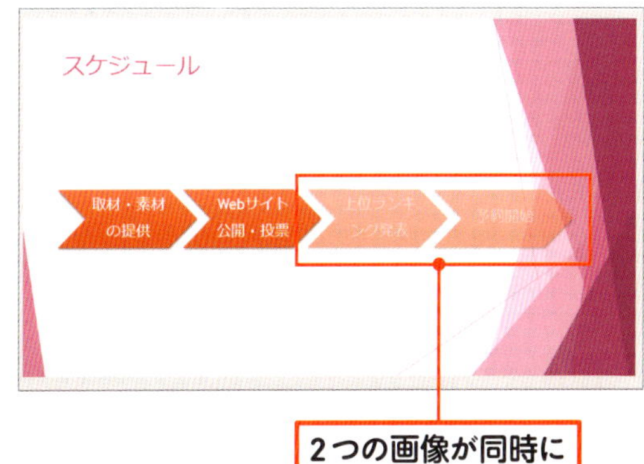

2つの画像が同時に表示された

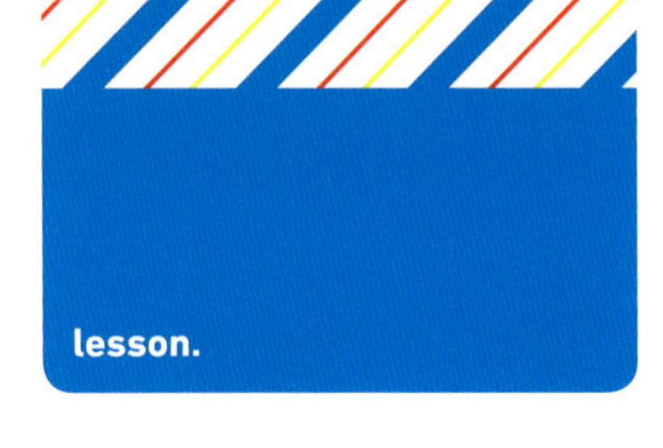

lesson. 7-1

練習ファイル ：07-01a　完成ファイル ：07-01b

スライドの切り替え時に動きを付けよう

プレゼンテーションでは、１枚ずつスライドを切り替えながら説明をします。ここでは、スライドを切り替えたことがわかるように、切り替え時の動きを指定します。

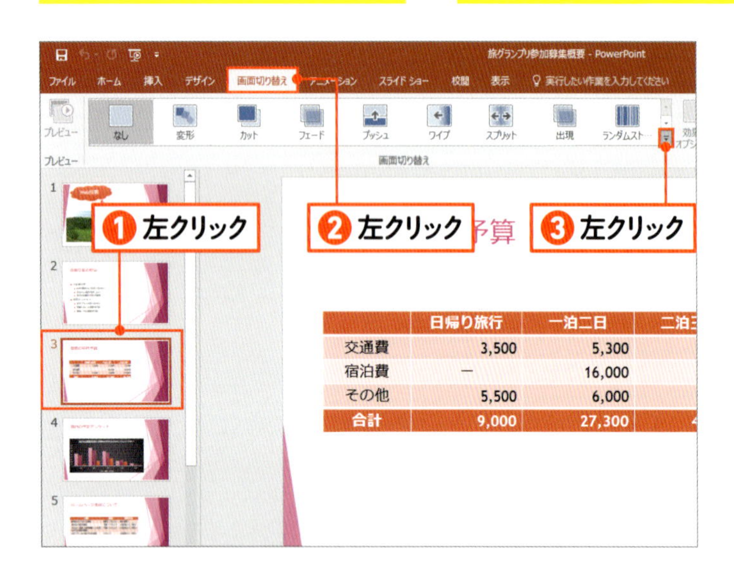

01 一覧を表示する

画面の切り替え効果を設定するスライドを左クリックします❶。[画面切り替え] タブを左クリックします❷。 （[その他] ボタン）を左クリックします❸。

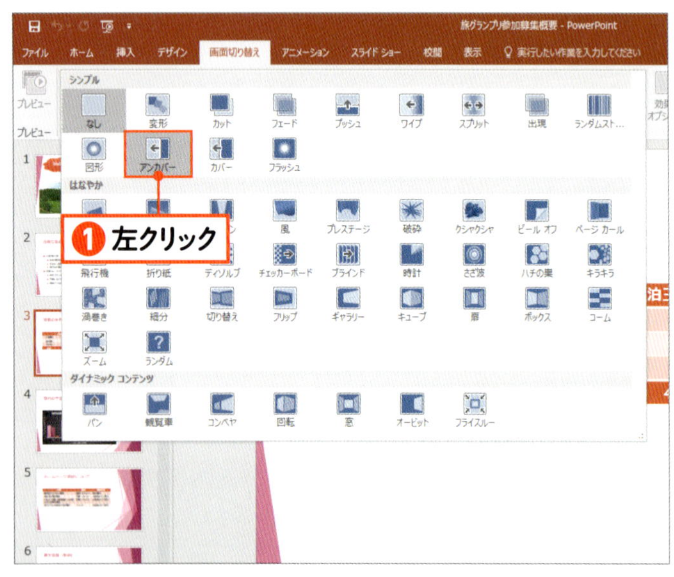

02 切り替え効果を設定する

画面の切り替え効果を選びます。 を左クリックします❶。切り替え時の動きが表示されます。

memo

ここでは、スライドが左方向にずれて次のスライドが表示される動きを設定しています。スライドをずらす方向は、次のページの方法で指定します。

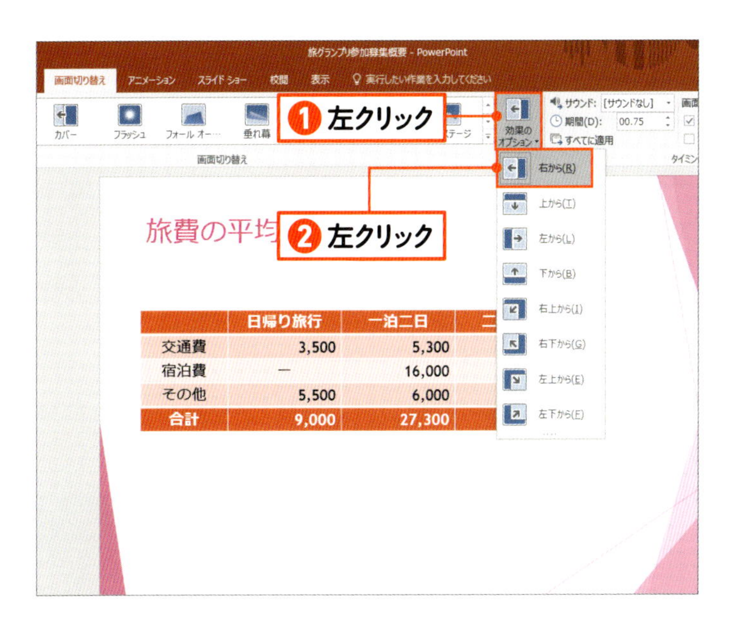

03 詳細を設定する

選択した効果によっては、切り替え時の動きの詳細を指定できます。（［効果のオプション］ボタン）を左クリックします❶。動きを選び左クリックします❷。切り替え時の動きが表示されます。

memo

画面切り替え効果やアニメーション効果を設定すると、スライド一覧のスライドの番号の下に★が表示されます。

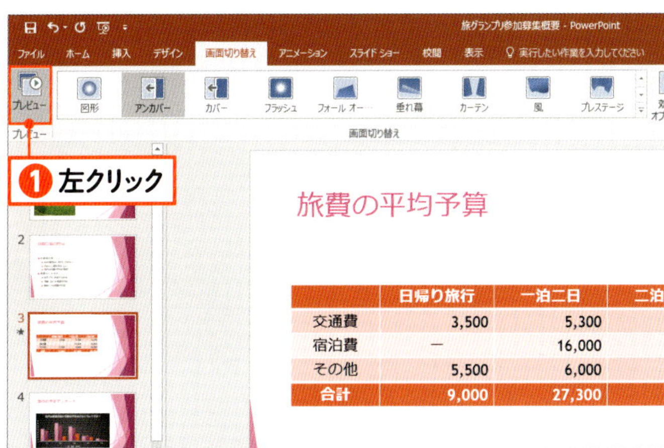

04 動きを確認する

動きが設定されました。（［画面切り替えのプレビュー］ボタン）を左クリックすると❶、動きを確認できます。

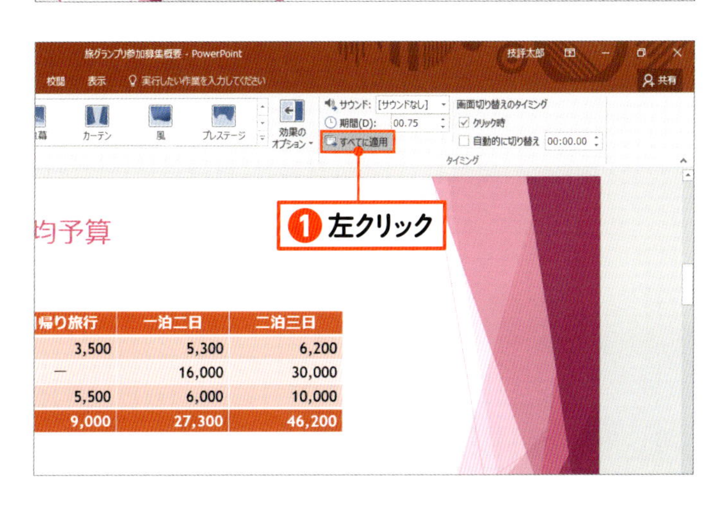

05 すべてのスライドに設定する

同じ画面切り替え効果をすべてのスライドに設定します。すべてに適用（［すべてに適用］ボタン）を左クリックします❶。

練習ファイル ：07-02a 完成ファイル ：07-02b

文字を順番に表示しよう

7-2

箇条書きの項目が入力されているプレースホルダーにアニメーション効果を設定します。ここでは、箇条書きの項目を順番に表示する動きを付けます。

アニメーションの一覧を表示する

2枚目のスライドを左クリックします❶。アニメーション効果を設定するプレースホルダーの外枠部分を左クリックして選択します❷。[アニメーション] タブを左クリックします❸。 ▽ ([その他] ボタン) を左クリックします❹。

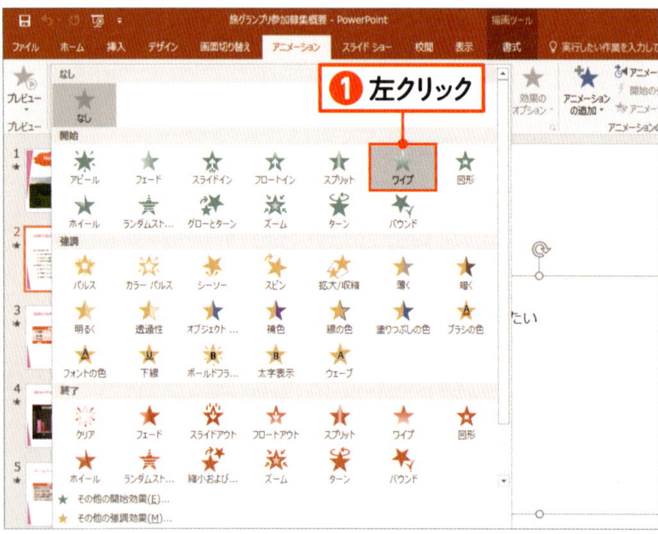

動きを選択する

動きを選択します。ここでは、開始 の ワイプ を左クリックします❶。なお、開始のアニメーションとは、文字や図形が現れるときの動きです。次ページを参照してください。

memo

[ワイプ] とは、文字や図形が端から徐々に表示される動きです。スライドの端から現れるような動きを付けるには、[スライドイン] の動きを指定します。

03 動きを確認する

（［アニメーションのプレビュー］ボタン）を左クリックします❶。

memo

アニメーションが設定されているスライドを選択し、［アニメーション］タブを左クリックすると、どの順番でアニメーションが設定されているかが番号で表示されます。

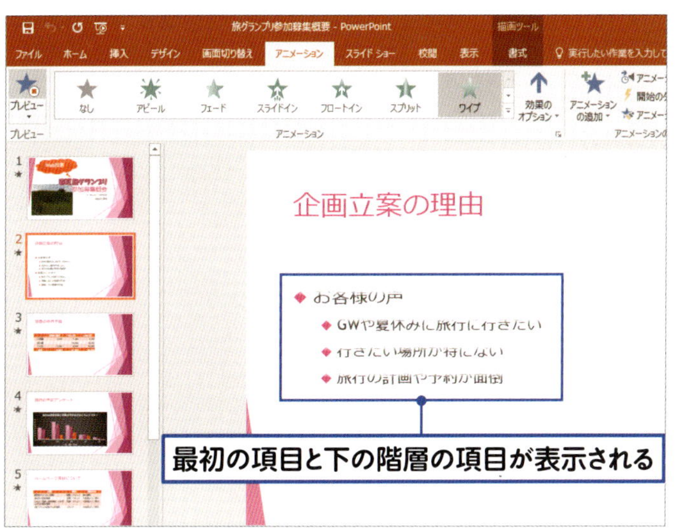

04 動きが表示される

最初の箇条書きのレベル1の項目とその下の階層の項目が表示されたあと、次の箇条書きのレベル1の項目とその下の階層の項目が表示されます。

memo

プレゼンテーションの本番では、スライドショーの表示モードでスライドを表示します。スライドショーでアニメーションを動かす方法は、152ページで紹介しています。

Check! アニメーションの種類について

その他の開始効果(E)...	文字や図形などが登場するときの動きを設定します
その他の強調効果(M)...	文字や図形などを強調するときの動きを設定します
その他の終了効果(X)...	文字や図形などがスライドから消えるときの動きを設定します
その他のアニメーションの軌跡効果(P)...	A地点からB地点まで移動するときの軌跡を設定します

文字や図形を動かしたりするアニメーションは、主に4種類あります。これらの動きは組み合わせて指定することもできます。動きを追加するには、［アニメーション］タブの（［アニメーションの追加］ボタン）を左クリックして選択します。

7-3 文字を左から順に表示しよう

前のレッスンでは、項目を順に表示するアニメーション効果を設定しました。ここでは、より読みやすいように、先頭文字から表示されるように変更します。

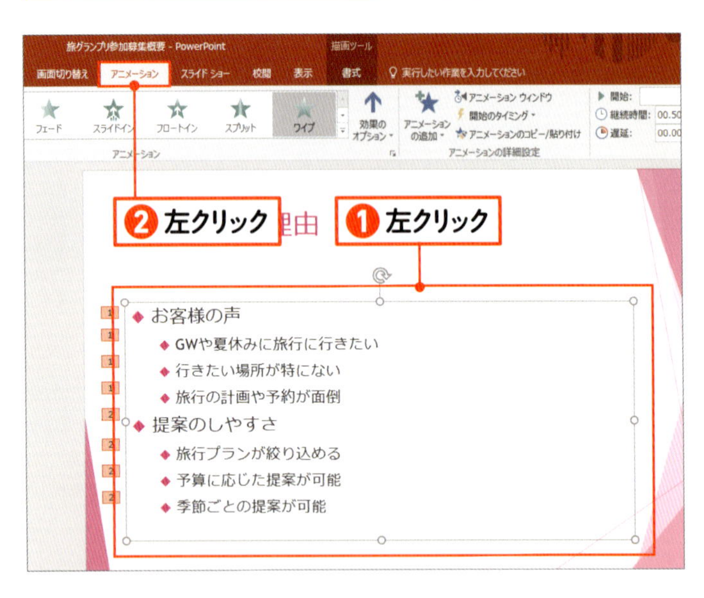

01 プレースホルダーを選択する

箇条書きが入力されているプレースホルダーを左クリックして選択します❶。［アニメーション］タブを左クリックします❷。

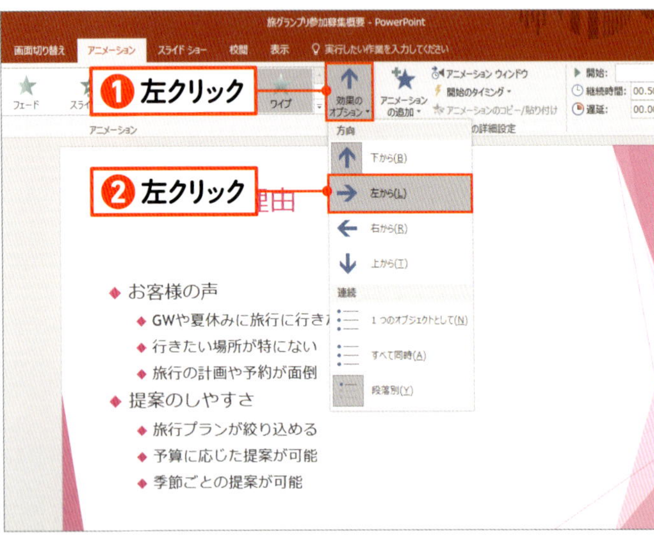

02 方向を指定する

アニメーション効果のオプションを指定します。➔（［効果のオプション］ボタン）を左クリックします❶。➔ 左から(L) を左クリックします❷。

memo

ここでは、文字が左から表示されるようにします。そうすると、先頭文字から文字が表示されるため、文字が読みやすくなります。

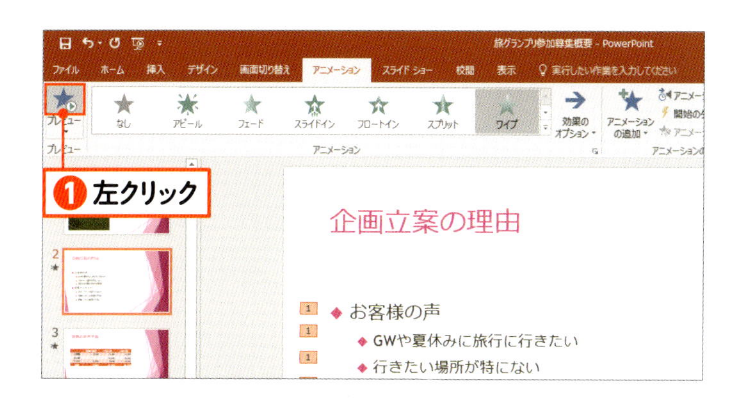

03 動作を確認する

［アニメーション］タブの（［アニメーションのプレビュー］ボタン）を左クリックします❶。

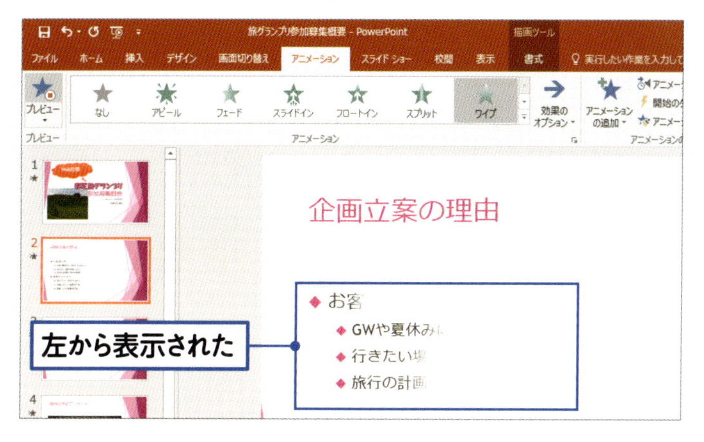

04 プレビューが表示される

アニメーションの動きのイメージが表示されます。文字が行の先頭から順に表示されます。

Check! アニメーションを削除する

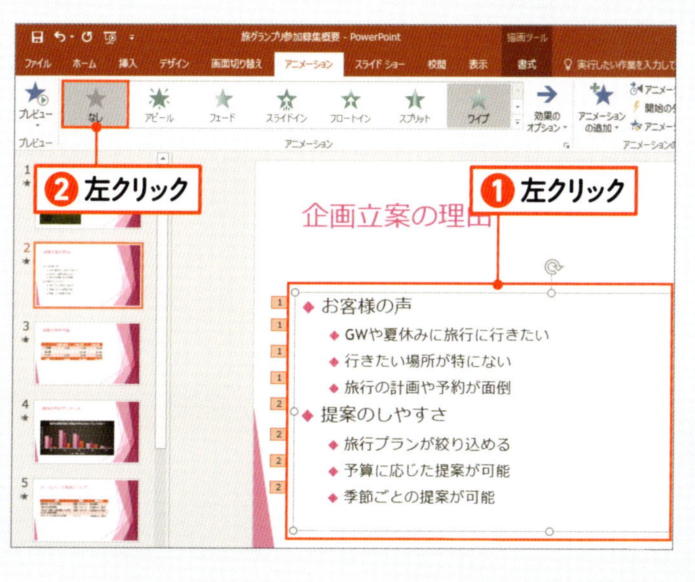

アニメーション効果を削除するには、アニメーションが設定されたプレースホルダーや図形などを左クリックして選択し❶、［アニメーション］タブの［アニメーション］の一覧からを左クリックします❷。

7 アニメーションを活用しよう

7-4

グラフにアニメーションを設定しよう

グラフにもアニメーション効果を設定できます。ここでは、棒グラフの棒がデータ系列ごとに下から伸びてくるような動きを指定します。

グラフにアニメーション効果を付ける

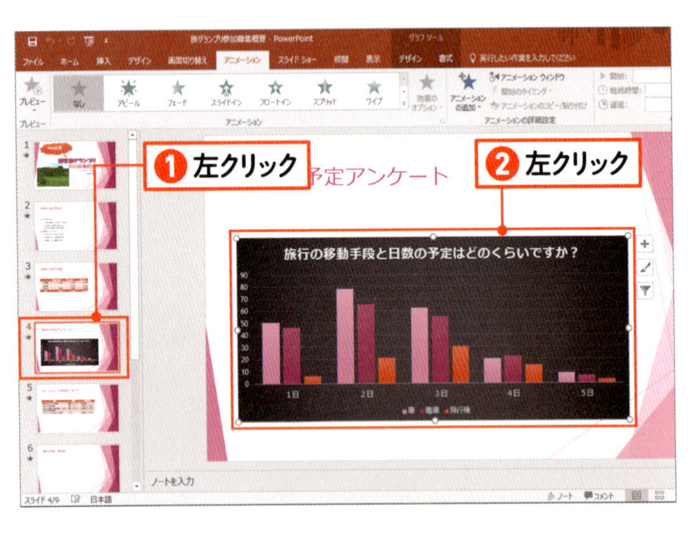

01 グラフを選択する

4枚目のスライドを左クリックします❶。グラフを左クリックして選択します❷。

02 アニメーションの一覧を表示する

［アニメーション］タブを左クリックします❶。 （［その他］ボタン）を左クリックします❷。

03 動きを選択する

動きを選択します。［開始］の［ワイプ］を左クリックします❶。

memo

［ワイプ］とは、文字や図形が端から徐々に表示される動きです。

04 動作を確認する

［アニメーション］タブの［★］（［アニメーションのプレビュー］ボタン）を左クリックします❶。

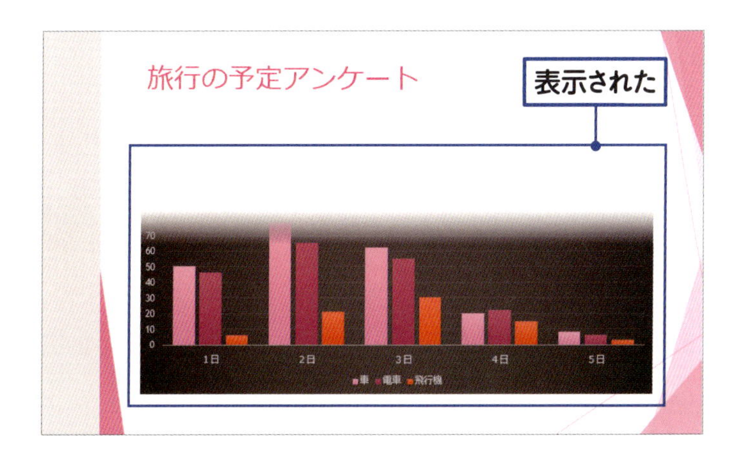

05 プレビューが表示される

アニメーションの動きのイメージが表示されます。グラフが下から徐々に表示されます。

効果のオプションを指定する

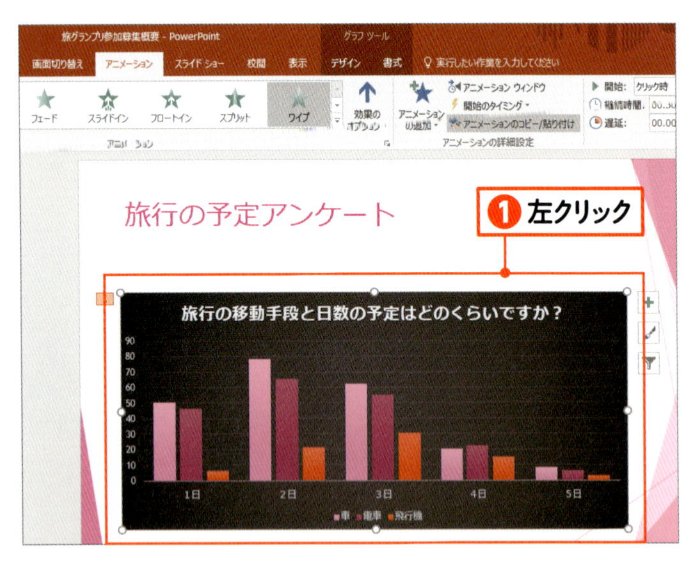

01 グラフを選択する

アニメーション効果を設定したグラフを左クリックして選択します❶。

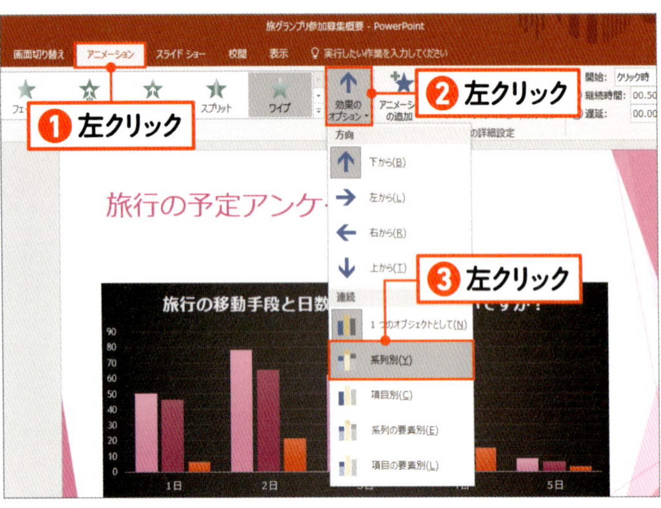

02 効果のオプションを設定する

［アニメーション］タブを左クリックします❶。（［効果のオプション］ボタン）を左クリックします❷。 系列別(Y) を左クリックします❸。

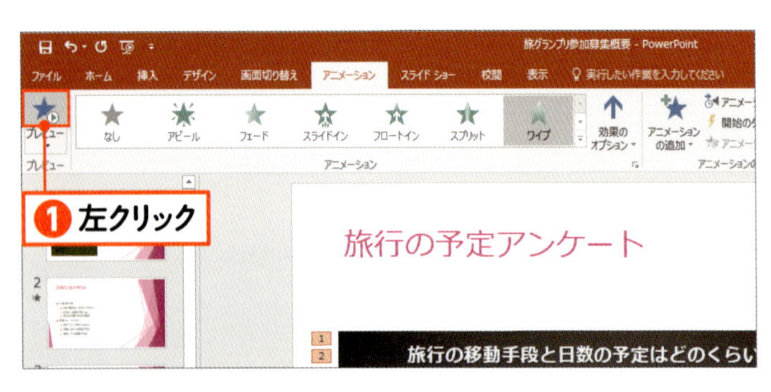

03 動作を確認する

［アニメーション］タブの（［アニメーションのプレビュー］ボタン）を左クリックします❶。

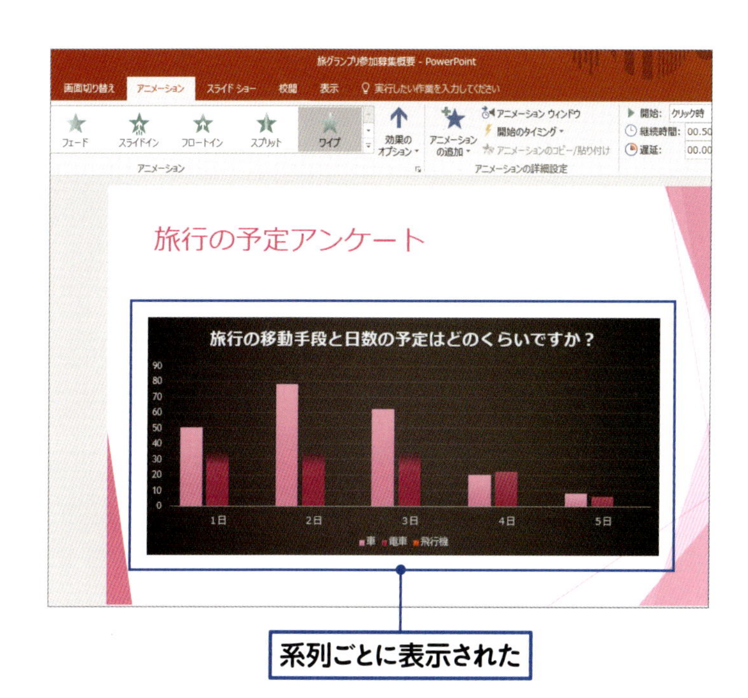

04 プレビューが表示される

アニメーションの動きのイメージが表示されます。グラフが系列ごとに下から表示されます。

Check! 表示方法の選択について

グラフにアニメーション効果を設定したあと、効果のオプションでグラフの表示方法を指定できます。指定できる内容は、グラフの種類によって異なりますが、棒グラフの場合、次のものを選択できます。

1つのオブジェクトとして	棒グラフ全体を一度に表示します
系列別	同じデータ系列の棒をまとめて表示します。ここで紹介したグラフの場合、「車」「電車」「飛行機」の順に表示します
項目別	同じ項目の棒をまとめて表示します。ここで紹介したグラフの場合、「1日」「2日」「3日」・・・の順に表示します
系列の要素別	同じデータ系列の棒を1本ずつ表示します。ここで紹介したグラフの場合、「車の1日」「車の2日」・・・「電車の1日」「電車の2日」・・・の順に表示します
項目の要素別	同じ項目の棒を1本ずつ表示します。ここで紹介したグラフの場合、「1日の車」「1日の電車」・・・「2日の車」「2日の電車」・・・の順に表示します

7-5

図を順番に表示しよう

SmartArtで作成した図形を順番に表示するアニメーション効果を設定します。説明に合わせて表示することで、聞き手の注目をそらさない工夫をします。

SmartArtにアニメーション効果を付ける

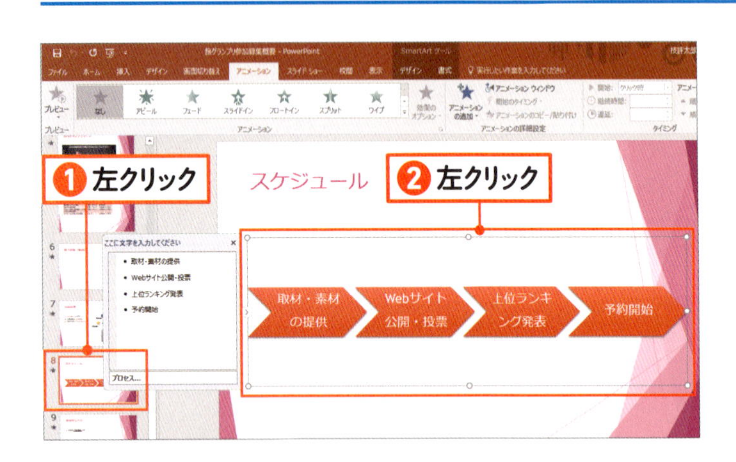

SmartArtを選択する

8枚目のスライドを左クリックします❶。SmartArtを左クリックして選択します❷。

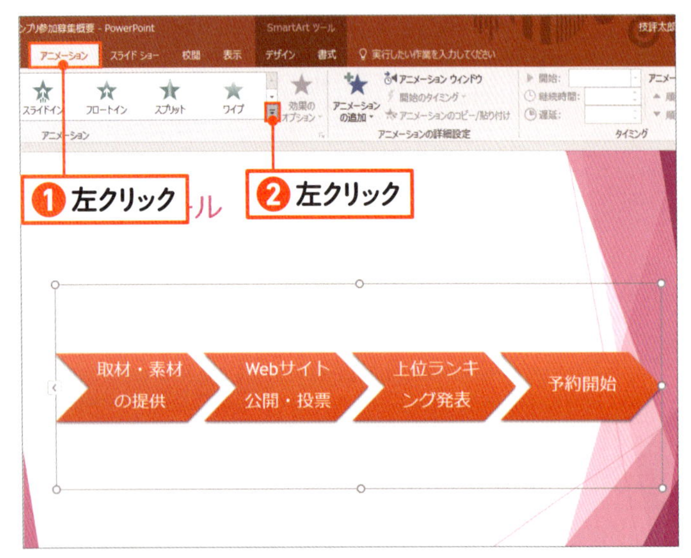

02 アニメーションの一覧を表示する

［アニメーション］タブを左クリックします❶。▽（［その他］ボタン）を左クリックします❷。

03 動きを選択する

動きを選択します。ここでは、[フェード] を左クリックします❶。

memo

[フェード] とは、文字や図形がじわじわと表示される動きです。

04 動作を確認する

[アニメーション] タブの [★] ([アニメーションのプレビュー] ボタン) を左クリックします❶。

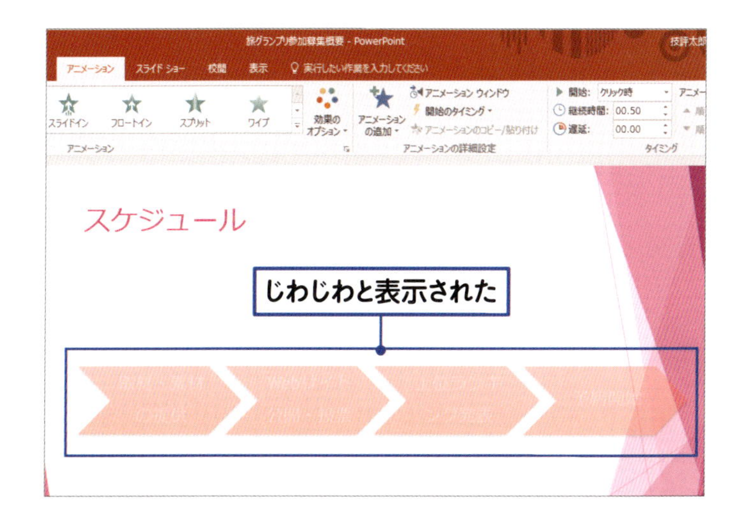

05 プレビューが表示される

アニメーションの動きのイメージが表示されます。SmartArt全体がじわじわと表示されます。

効果のオプションを指定する

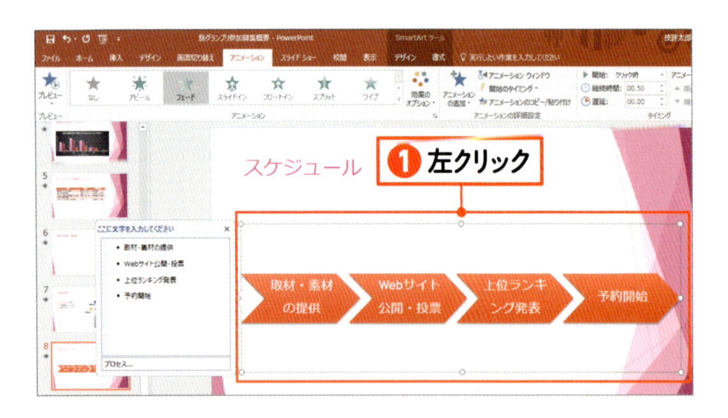

SmartArtを選択する

アニメーション効果を設定したSmartArtを左クリックして選択します❶。

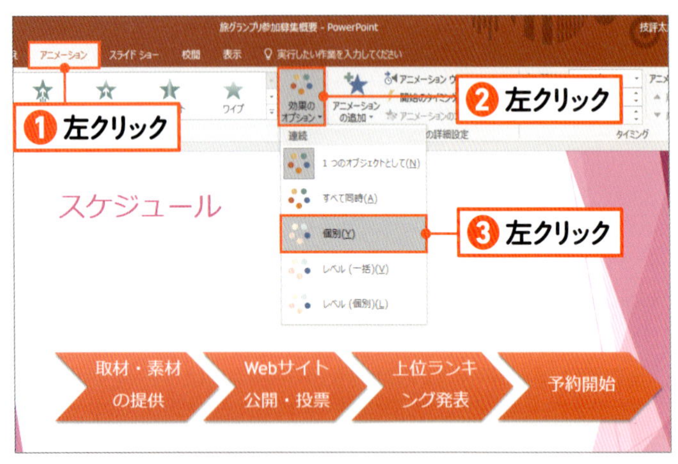

効果のオプションを設定する

［アニメーション］タブを左クリックします❶。（［効果のオプション］ボタン）を左クリックします❷。 個別(Y) を左クリックします❸。

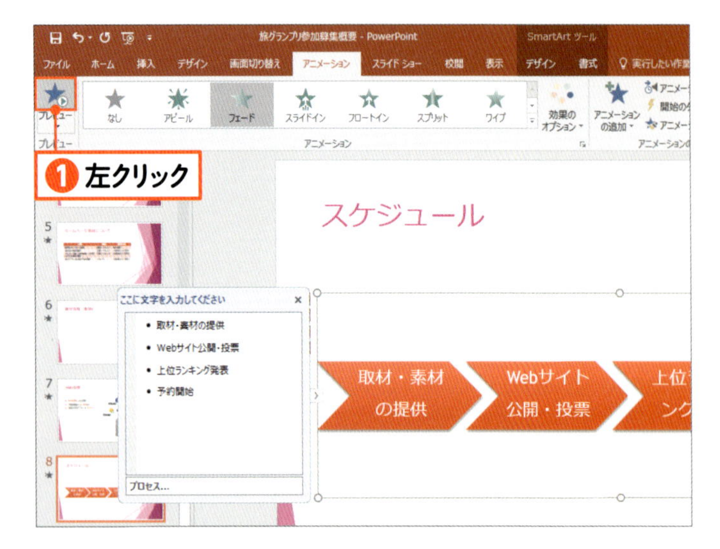

03 動作を確認する

［アニメーション］タブの（［アニメーションのプレビュー］ボタン）を左クリックします❶。

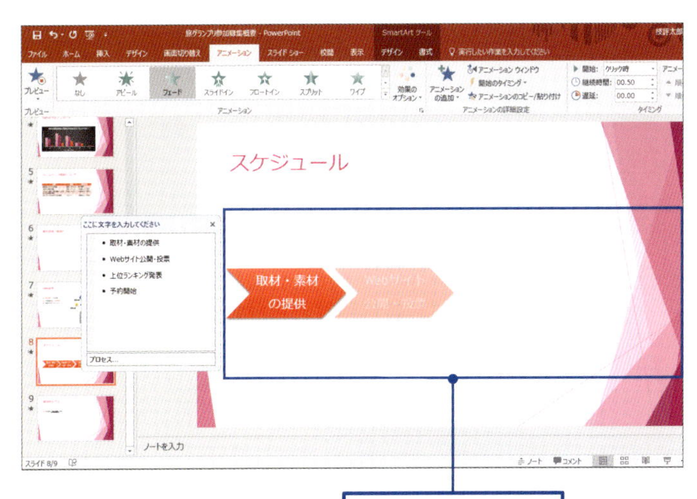

04 プレビューが表示される

アニメーションの動きのイメージが表示されます。図形がひとつずつ順にじわじわと表示されます。

Check! 表示方法の選択について

SmartArtにアニメーション効果を設定したあと、効果のオプションでSmartArtの表示方法を指定できます。指定できる内容は、SmartArtの種類によって異なりますが、以下のようなものを選択できます。レベルを設定している場合は（93ページ参照）、レベルごと表示したりできます。

1つのオブジェクトとして	SmartArt全体を一度に表示します
すべて同時	すべての図形に対して、同じタイミングで表示するアニメーション効果を設定します
個別	「レベル1（A）の図形」「その下の階層の図形」「2つ目のレベル1（B）の図形」「その下の階層の図形」・・・のようにひとつずつ順に表示します
レベル（一括）	「レベル1の全ての図形」「レベル2の全ての図形」・・・のようにレベルごと順に表示します
レベル（個別）	「レベル1（A）の図形」「2つ目のレベル1（B）の図形」「レベル1（A）の下の階層の図形」「レベル1（B）の下の階層の図形」・・・のようにひとつずつ順に表示します

7-6

2つの図を同時に動かそう

アニメーション効果を設定するときは、アニメーションを動かすタイミングを指定することもできます。ここでは、「アニメーション」ウィンドウで設定します。

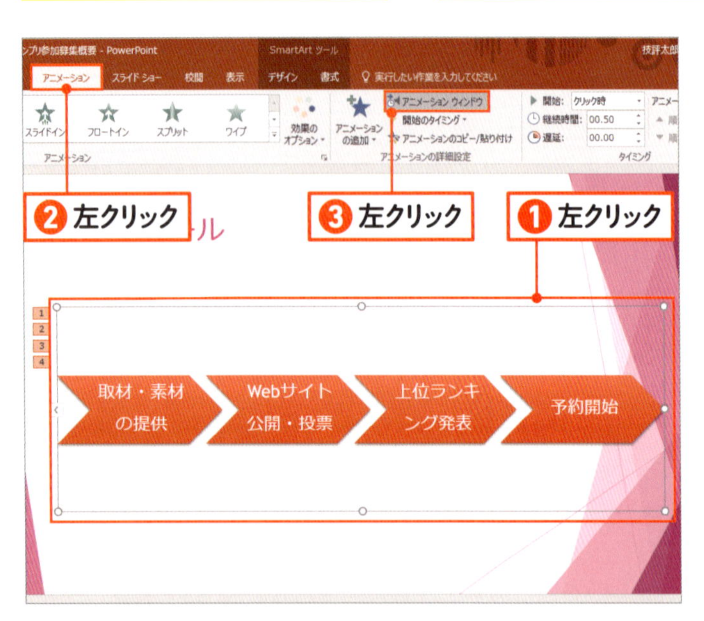

01 ウィンドウを表示する

アニメーション効果が設定されているスライドを左クリックし❶、［アニメーション］タブを左クリックします❷。 アニメーション ウィンドウ （［アニメーションウィンドウ］ボタン）を左クリックします❸。

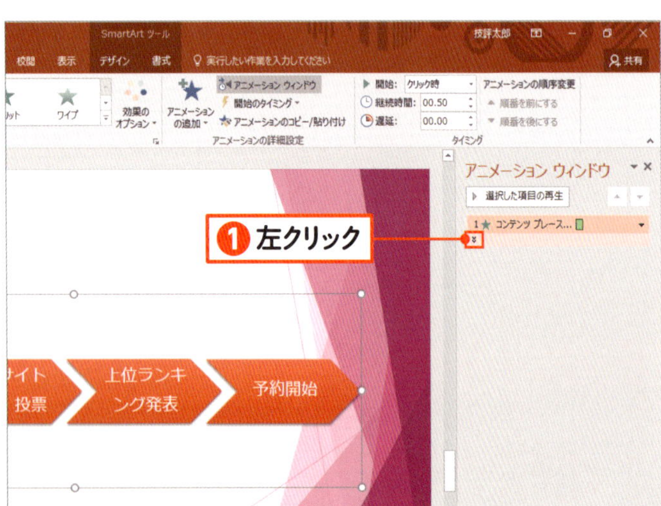

02 ウィンドウが表示される

「アニメーション」ウィンドウが表示されます。 （［内容を拡大］ボタン）を左クリックします❶。

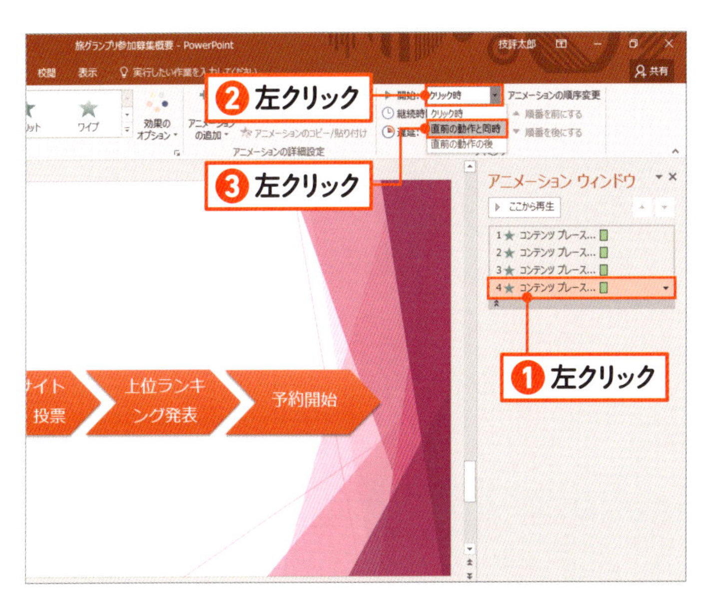

03 動きのタイミングを指定する

4つ目のアニメーション効果の項目を左クリックして選択します❶。[アニメーション]タブの 開始: クリック時 を左クリックし❷、直前の動作と同時 を左クリックします❸。

memo

ここでは、左から3つ目の図形と4つ目の図形を同時に表示します。4つ目の図形を選択して、アニメーションを動かすタイミングを、直前の動作と同時に指定します。

04 動きを確認する

アニメーションの動きを示す番号が変わりました。[アニメーション]タブの ★ ([アニメーションのプレビュー]ボタン)を左クリックします❶。

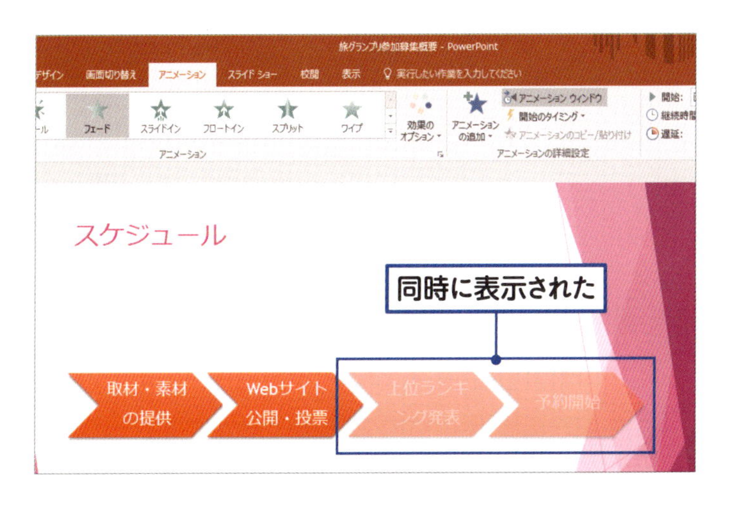

05 プレビューが表示される

プレビューが表示されます。1つ目の図形、2つ目の図形に続き、3つ目と4つ目の図形が同時にじわじわと表示されます。

memo

「アニメーション」ウィンドウを閉じるには、「アニメーション」ウィンドウの右上の × を左クリックします。

第7章　練習問題

1

スライドの切り替え時に動きを付けるときに使用するタブはどれですか?

 アニメーション　 画面切り替え　 デザイン

2

アニメーションの種類の中で、プレゼンテーション実行中に、文字や図形などを表示する動きはどれですか?

① 開始　② 強調　③ 終了

3

アニメーションの動きを確認するときに左クリックするボタンはどれですか?

Chapter

プレゼンテーションを実行しよう

この章では、プレゼンテーションを実行する方法を紹介します。まずは、自分用のメモや、配布資料を準備しましょう。また、プレゼンテーション本番ではスライドショーを実行します。スライドショーでの、アニメーションの動作などを確認しましょう。

» Visual Index

Chapter 8

プレゼンテーションを実行しよう

lesson. 1 ノートを作成する

GO » P.144

ノートの内容を入力する

ノート表示で表示する

lesson. 2 配付資料を印刷する

GO » P.146

印刷パターンを設定する

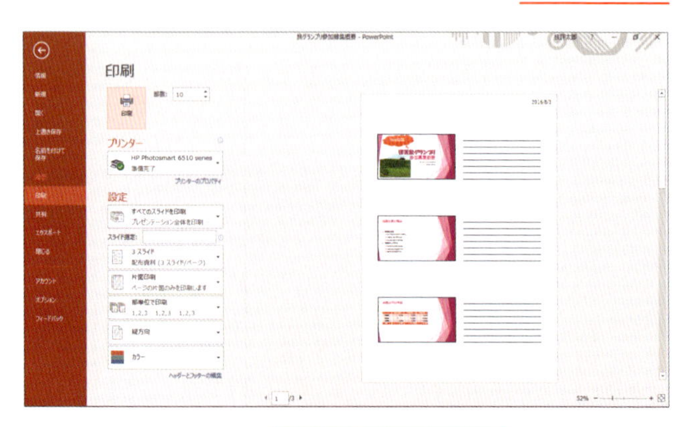

配付資料を印刷する

lesson. **3**

リハーサルを行う

GO ›› P.148

lesson. **4**

プロジェクターを設定する

GO ›› P.150

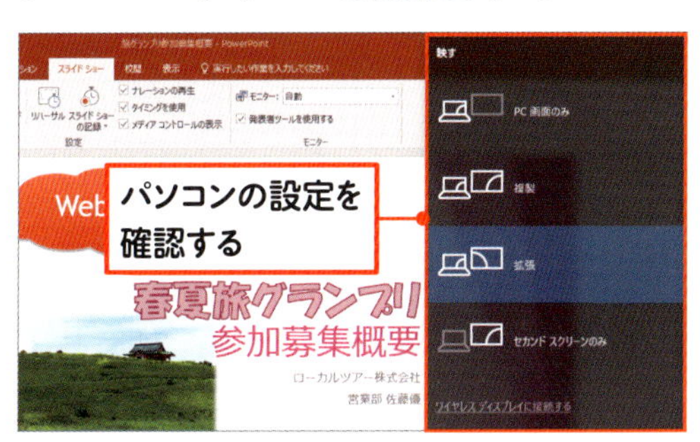

lesson. **5**

プレゼンテーションを実行する

GO ›› P.152

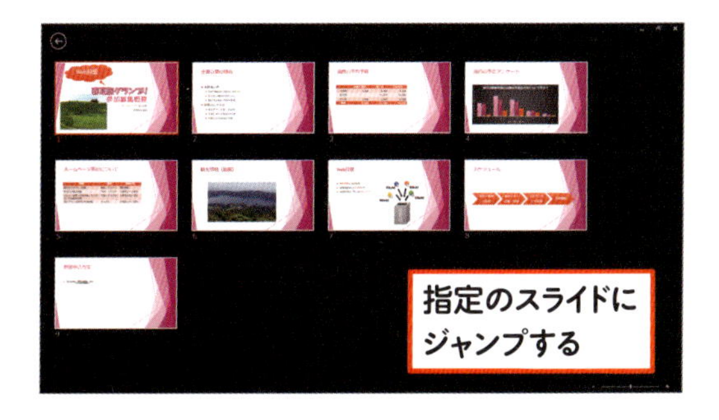

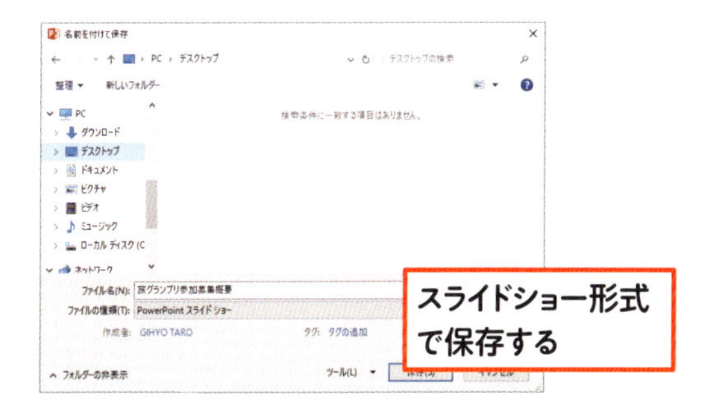

練習ファイル：08-01a　完成ファイル：08-01b

8-1 ノートを作成しよう

この章では、プレゼンテーションを実行する準備を紹介します。まずは発表者用のメモを準備しましょう。ノート欄を表示して内容を入力します。

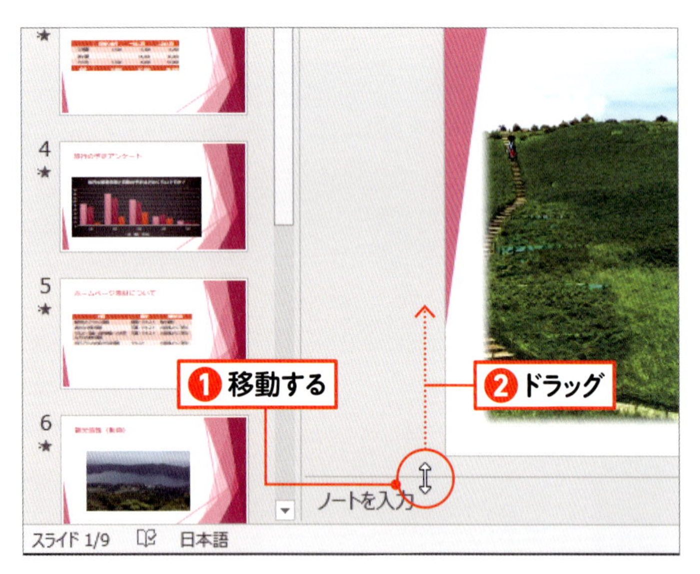

01 ノート欄を広げて表示する

ノートとスライドの境界線部分にマウスポインターを移動します❶。マウスポインターの形が ⇕ に変わります。上方向にドラッグします❷。

memo

ノート欄が表示されていない場合、画面下の ≙ノート を左クリックすると表示されます。14～15ページを参照してください。

02 ノート欄が広がった

ノート欄が広がりました。

memo

ノートの内容は、文章にせずに箇条書きで書いておくとよいでしょう。文章にすると、プレゼンテーションで聞き手に目を向けず、ノートの内容をそのまま読んでしまいがちになるので、注意します。

03 内容を入力する

ノートの内容を書くスライドを左クリックします❶。選択したスライドで話す内容をノート欄に入力します❷。同様に、その他のスライドを選択してノートの内容を入力します。画面下の［≐ノート］を左クリックします❸。

04 ノート欄が閉じた

ノート欄が閉じて、スライドが大きく表示されます。

memo

ノートを印刷する方法は、147ページで紹介しています。

Check! ノートの表示モードについて

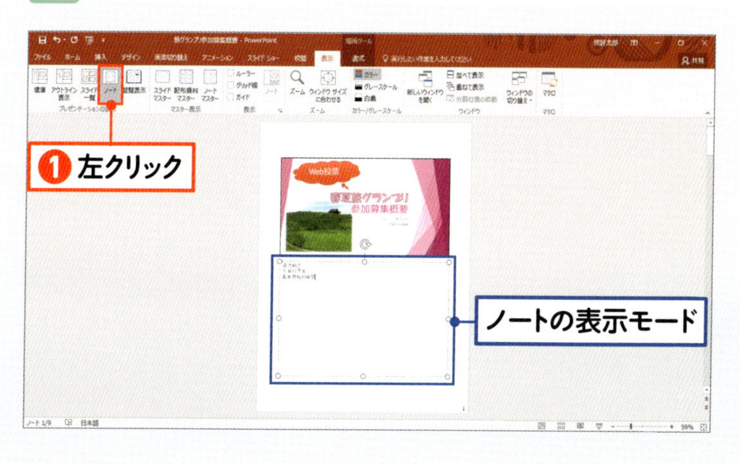

［表示］タブの□（［ノート表示］ボタン）を左クリックすると❶、ノート表示モードになります。この表示モードでは、ノート欄が広く表示されてノートの内容を入力できます。また、ノートの文字を大きくしたり色を付けたりするなど、書式も設定できます。標準の表示モードに戻すには、［表示］タブの□（［標準表示］ボタン）を左クリックします。

練習ファイル：08-02a　完成ファイル：なし

8-2 配布資料を印刷しよう

聞き手に配布する資料を印刷しましょう。配布資料の印刷パターンは、複数用意されています。ここでは、1ページに3つのスライドを並べて印刷します。

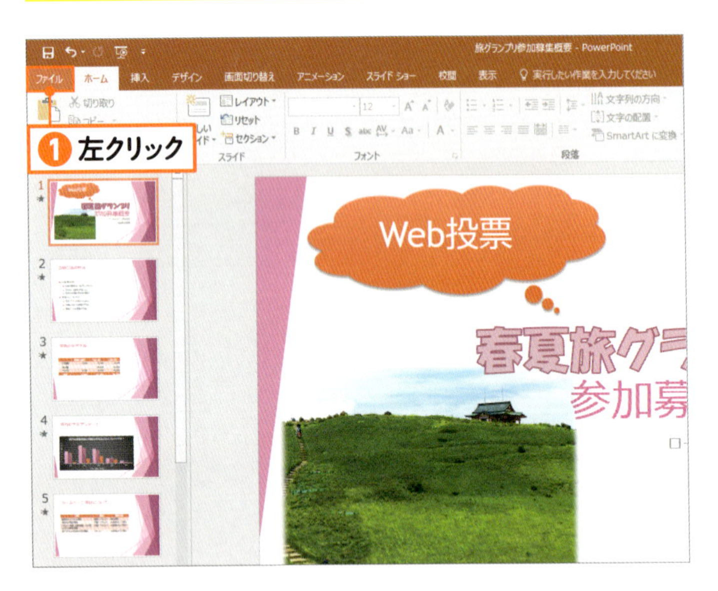

01 印刷イメージを表示する

［ファイル］タブを左クリックします❶。

02 印刷パターンを表示する

［印刷］を左クリックします❶。印刷イメージが表示されます。［フル ページ サイズのスライド］を左クリックします❷。

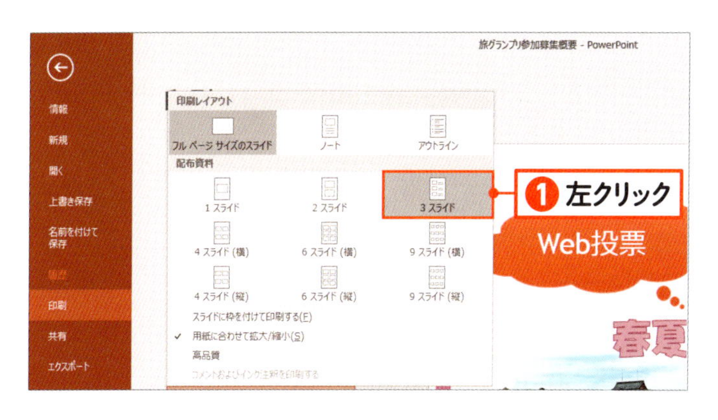

03 印刷パターンを選択する

配布資料の印刷のパターンは、1枚の用紙に何枚のスライドを印刷するのかによって複数用意されています。印刷のパターンを選択して左クリックします❶。

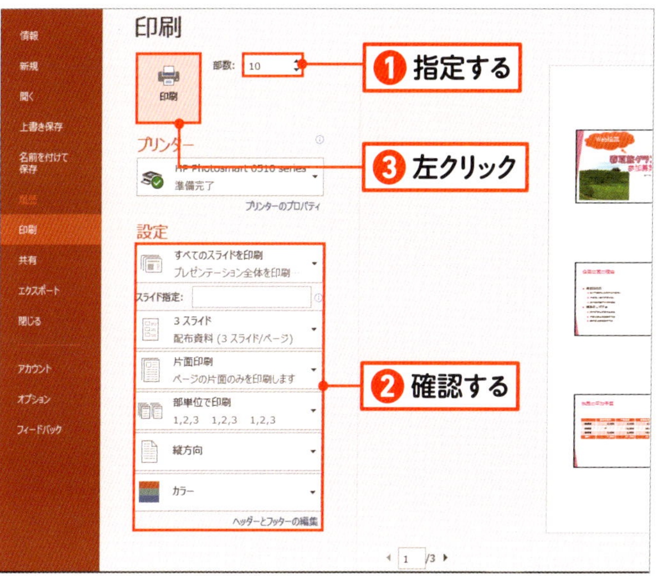

04 印刷する

印刷イメージが表示されます。[部数: 1] に印刷部数を指定します❶。その他の印刷の設定を確認します❷。[印刷] を左クリックすると❸、印刷が実行されます。

> **memo**
>
> [◀ 1 /3 ▶] の左右の◀ ▶を左クリックすると、ページを切り替えられます。

Check! 発表者用のノートを印刷する

発表者用のノートを印刷するときは、手順03で印刷のパターンを選択するときに、印刷レイアウトの [ノート] を選択します❶。すると、スライドの下にノートの内容が表示されるレイアウトが選択されます。[印刷] を左クリックすると❷、印刷が実行されます。

 ：08-03a  ：なし

lesson.

8-3 リハーサルを行おう

プレゼンテーションの本番に備えて、リハーサルを行いましょう。
リハーサルでは、本番同様にスライドの内容を説明し、所要時間を確認します。

01 タブを切り替える

リハーサルを行う準備をします。［スライドショー］タブを左クリックします❶。

02 リハーサルを開始する

リハーサルを開始します。（［リハーサル］ボタン）を左クリックします❶。

03 リハーサルを行う

リハーサルが始まります。本番と同じようにスライドの内容を説明します。次のスライドを表示するには、画面上を左クリックします❶。スライドをめくりながら、リハーサルを進めていきます。

memo

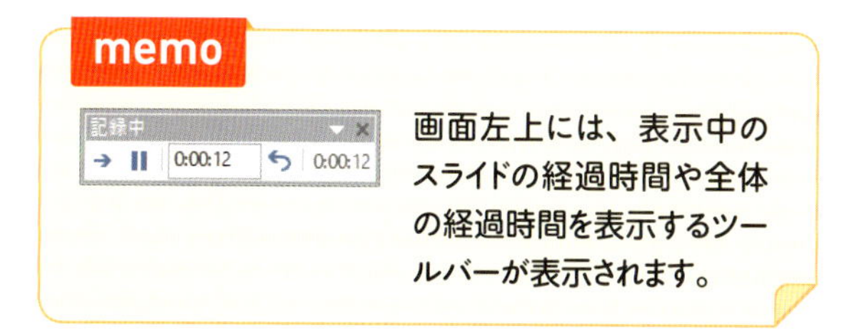

画面左上には、表示中のスライドの経過時間や全体の経過時間を表示するツールバーが表示されます。

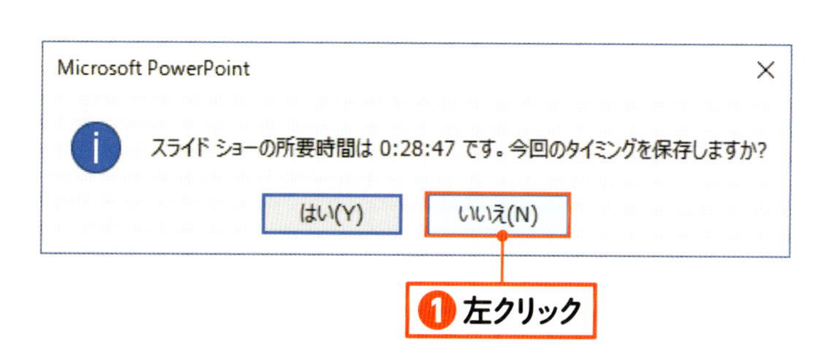

04 リハーサルを終了する

最後のスライドが終了すると、スライドを切り替えるタイミングを保存するかどうかを問うメッセージが表示されます。ここでは、いいえ(N) を左クリックします❶。すると、リハーサルが終了します。

Check! リハーサルのタイミングでスライドを自動でめくるには

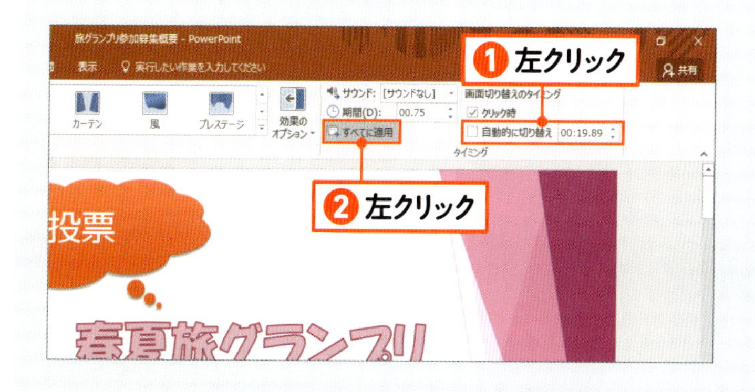

手順04で表示された画面で はい(Y) を左クリックすると、スライドショーを実行したときに、リハーサルのタイミングで自動的にスライドがめくられます。

この設定を解除して、自分のタイミングで左クリックしてスライドをめくるには、[画面切り替え]タブの 自動的に切り替え 00:19.89 を左クリックしてチェックを外し❶、すべてに適用 を左クリックします❷。

練習ファイル：なし　完成ファイル：なし

lesson. 8-4

プロジェクターを設定しよう

パソコンとプロジェクターや大画面のモニターなどを接続する場合の準備を紹介します。パソコン側の設定や、パワーポイントの画面を確認しておきましょう。

プロジェクターと接続する

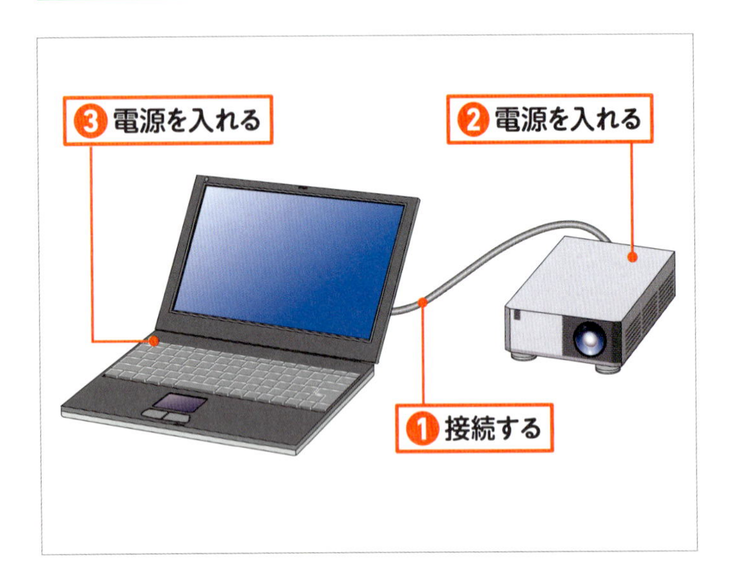

01 プロジェクターに接続する

パソコンとプロジェクターやモニターを接続します❶。プロジェクターの電源を入れ❷、パソコンの電源を入れます❸、パソコンの画面がプロジェクターやモニターに映ります。

memo

プロジェクターに画面が映らない場合は、プロジェクターの「入力切替」や「入力検出」ボタンを押して、表示されるかどうか試してみましょう。

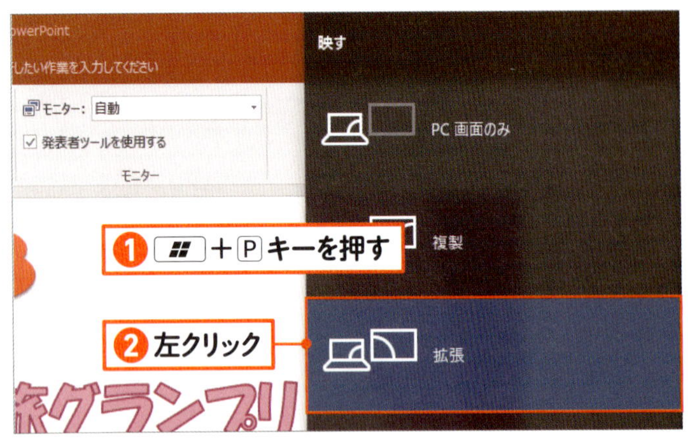

02 パソコン側の設定を確認する

パソコンの画面の表示方法を選択します。パソコン側で ⊞ + P キーを押し❶、左の画面が表示されたら、「拡張」を左クリックします❷。

memo

パワーポイントで発表者ビューを使用してプレゼンテーションを行う場合は、「拡張」を選択します。

パワーポイントの画面について

01 スライドショーを実行する

（［先頭から開始］ボタン）を左クリックします❶。

画面が表示された

02 発表者ビューが表示される

パソコンの画面には、発表者ビューの画面（154ページ参照）が表示されます。プロジェクターやモニター側には、スライドが大きく表示されます。

memo

パソコンとプロジェクターやモニターを接続したあとは、152〜153ページの方法でプレゼンテーションを実行して、あらかじめすべてのスライドの内容やアニメーションの動作、音や動画の再生などをチェックしましょう。

Check! 接続端子について

パソコンとプロジェクターやモニターなどを有線で接続する場合は、D-Subミニ15ピン（VGA、アナログRGB）やHDMIの接続口などを使用します。パソコン側と、プロジェクターやモニター側にどの接続口がついているかを確認して、それぞれの接続口をケーブルでつなぎます。たとえば、パソコン側とプロジェクターやモニター側の両方にHDMIの接続口が付いている場合は、HDMIケーブルで接続します。

また、スピーカー搭載のプロジェクターなどで音声を出力する場合は、お使いの機器の操作マニュアルを参照し、必要ならばオーディオケーブルでパソコンと接続します。

8-5 プレゼンテーションを実行しよう

プレゼンテーションの本番では、スライドを1枚ずつ表示するスライドショーを実行します。スライドの切り替え方やアニメーションの動作などを確認しましょう。

スライドショーを実行する

スライドショーに切り替える

クイックアクセスツールバーの ［先頭から開始］ボタン）を左クリックします❶。

memo

スライドショーとは、スライドを画面いっぱいに大きく表示する表示モードです。なお、スライドショーを実行したときに黒い画面が表示された場合は、154ページを参照してください。

スライドショーが実行された

スライドショーが実行され、スライドが画面いっぱいに大きく表示されます。画面上を左クリックすると❶、次のスライドに切り替わります。

memo

スライドショーの実行中に F1 キーを押すと、実行中に使用できるショートカットキーなどを確認できます。

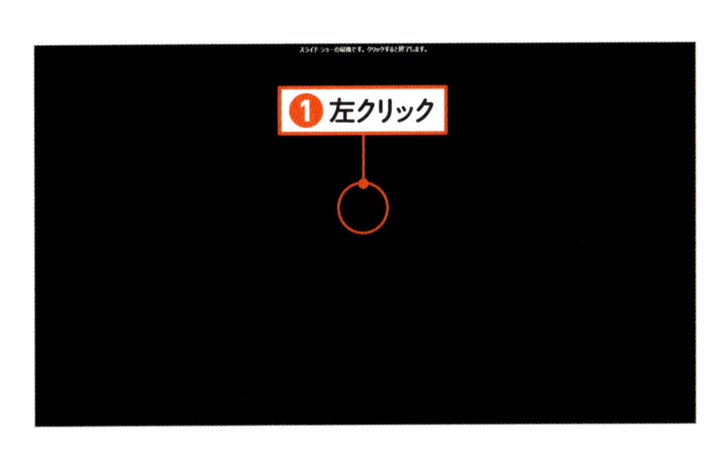

03 スライドショーが終了する

最後のスライドを切り替えると、真っ黒な画面が表示されます。画面上を左クリックします❶。

04 元の画面に戻った

スライドショーが終了し、実行する前の画面に戻りました。

Check! スライドショーの実行方法について

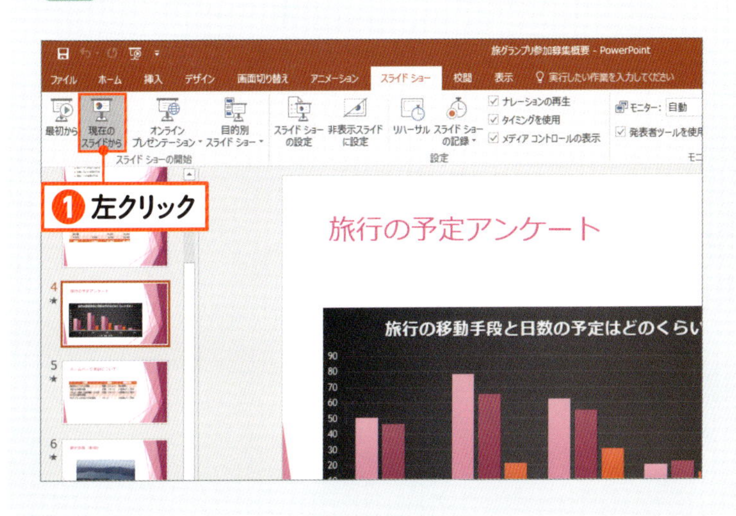

スライドショーの実行方法は、複数あります。たとえば、選択中のスライドからスライドショーを実行して途中から動作を確認したい場合は、［スライドショー］タブの（［このスライドから開始］ボタン）を左クリックします❶。

発表者ビューを利用する

発表者ビューを表示する

パソコンとプロジェクターなどを接続して画面をスクリーンに表示している場合は、スライドショーを実行すると、パソコン画面には発表者ビューが表示されます。発表者ビューでは、ノートや次のスライドの内容、次のアニメーションの動作などを確認しながらスライドショーを実行できます。なお、スクリーン側にはスライドが画面いっぱいに表示されます。 ◉（［次のスライドを表示］ボタン）を左クリックします❶。

memo

発表者ビューが表示されない場合は、［スライドショー］タブの ☑発表者ツールを使用する にチェックを付けます。

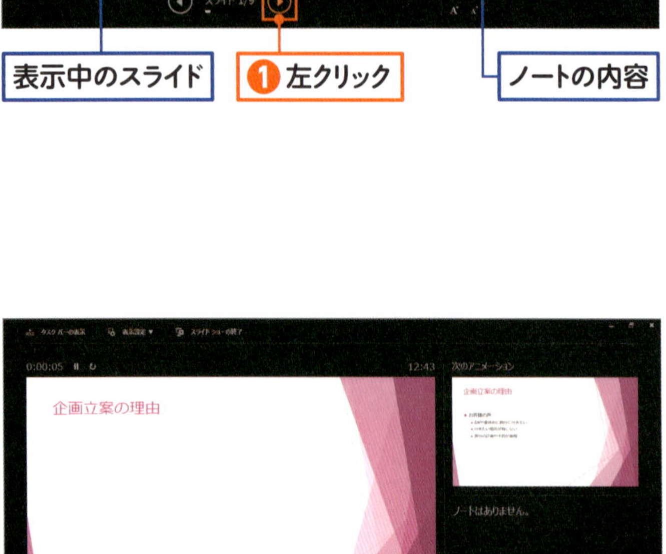

次のスライドに進んだ

次のスライドに進みます。 ◉（［次のスライドを表示］ボタン）を左クリックして、画面を進めていきます❶。

memo

プロジェクターなどを接続していない状態で発表者ビューを確認するには、スライドショー実行中の画面で右クリックし、 発表者ビューを表示(R) を左クリックします。

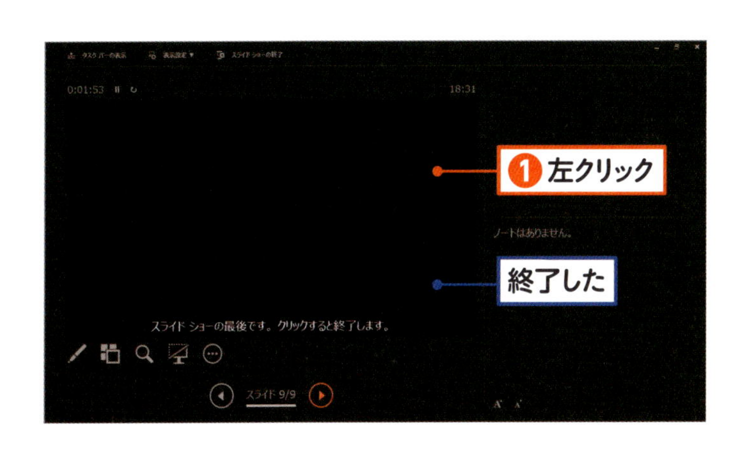

03 スライドショーを終了する

最後のスライドで左クリックすると、左の画面が表示されます。スライド画面を左クリックすると❶、元の画面に戻ります。

Check! 指定のスライドに切り替える

質疑応答などに対応するため、特定のスライドに瞬時に切り替えたい場合は、発表者ビューの画面で ▦（［すべてのスライドを表示します］ボタン）を左クリックします。スライドの一覧が表示されるので、表示したいスライドを左クリックすると❶、スライドが切り替わります。

Check! スライドショー形式で保存する

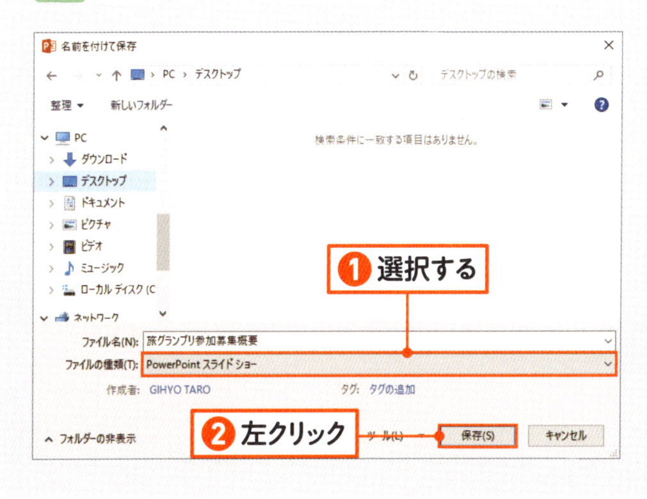

ファイルを保存するときに、［PowerPointスライドショー］形式を選択し❶、［保存(S)］を左クリックすると❷、ファイルがスライドショー形式で保存されます。スライドショー形式のファイルは、ダブルクリックするとすぐにスライドショーが開始されますので、スマートにプレゼンテーションを開始できます。スライドショー形式で保存したファイルを編集したい場合は、パワーポイントを開いてから、「ファイル」タブを左クリックし、スライドショー形式で保存したファイルを開きます。

>> 練習問題の解答・解説

第1章

1 正解 ①

①のスタートボタンを左クリックすると、スタートメニューが表示されます。スタートメニューからパワーポイントの項目を左クリックすると、パワーポイントが起動します。②は、日本語入力モードの状態を確認したりするときに使用します。

2 正解 ①

①のボタンを左クリックすると、ファイルが上書き保存されます。1度も保存していないファイルの場合は、保存の画面が表示されます。②を左クリックすると、パワーポイントが終了します。

3 正解 ②

ファイルを開いたり保存するなどファイルに関する基本操作を行うには、②のタブを表示します。①のタブは、頻繁に使用する機能のボタンが並ぶ最も基本的なタブです。③のタブは、パワーポイントの表示モードを変更したりするときに使用します。

第2章

1 正解 ③

新しいスライドを追加するには、[ホーム] タブの③のボタンを左クリックします。①は、スライドのレイアウトを指定します。②は、スライドのレイアウトの変更をリセットするときに使用します。

2 正解 ②

②のボタンを左クリックすると、標準表示モードとアウトライン表示モードとを切り替えられます。①は、スライド一覧表示モードに切り替えます。③は、スライドショーを実行します。

3 正解 ②

アウトライン表示で、項目のレベルを下げるには Tab キーを押します。また、項目のレベルを上げるには、Shift + Tab キーを押します。階層を一番上に上げると、新しいスライドが追加されます。

第3章

1 正解 ②

文字に飾りを付けるときは、最初に対象の文字を選択してから文字飾りの種類を指定します。複数の飾りを組み合わせて設定することもできます。

2 正解 ②

文字の色を変更するには、対象の文字を選択し、[ホーム] タブの②のボタンの右側の▼を左クリックして色を選択します。文字を選択して③のボタンを左クリックすると、文字に設定されている書式が解除されます。

3 正解 ①

文字を太字にするには、文字を選択し、[ホーム] タブの①のボタンを左クリックします。②のボタンは文字を斜体にし、③のボタンは文字に下線を付けます。

第4章

1 正解 ②

セルに文字を入力したあと、Tab キーを押すと、右隣のセルに文字カーソルが移動します。右端のセルの場合、次の行の左端のセルに文字カーソルが移動します。右下隅のセルの場合、行が追加され、追加された行の左端のセルに文字カーソルが移動します。

2 正解 ②

表に行や列を追加・削除するなど、表のレイアウトを変更するには、表内を左クリックして②のタブで操作します。③のタブは、表のスタイルなど、表のデザインを変更するときなどに使用します。

3 正解 ②

グラフを追加するには、[挿入] タブの②のボタンを左クリックし、追加するグラフの種類を選択します。①は、表を追加します。

第5章

1 正解②

図形を描くときは、[挿入] タブの [図形] ボタンを左クリックし、描きたい図形の種類を選択します。続いて、図形を描く場所をドラッグします。

2 正解①

図形を移動するには、図形を左クリックして選択し、図形の外枠部分をドラッグします。図形の大きさを変更するには、図形を選択すると表示される②のハンドルをドラッグします。③をドラッグすると、図形の形を変更できます。

3 正解①

SmartArtの図を追加するには、[挿入] タブの①のボタンを左クリックし、描きたい図の種類を選択します。③は、表を追加するときに使用します。

第6章

1 正解①

パソコンに保存されている写真やイラストなどを追加するには、[挿入] タブの①のボタンを左クリックします。②のボタンは、インターネットから写真やイラストを検索して追加するときなどに使用します。

2 正解②

写真の大きさを変更するには、写真を左クリックして選択すると表示される②のハンドルをドラッグします。①をドラッグすると、写真が回転します。③をドラッグすると、写真が移動します。

3 正解③

動画を追加するには、[挿入] タブの③のボタンを左クリックします。②は、スライドにBGMなどの音を追加するときなどに使用します。

第7章

1 正解②

スライドショーでスライドを切り替えるときの動きを指定するには、②のタブを使用します。①のタブは、文字や図形を表示したり動かしたりするアニメーションを設定するときに使用します。③のタブは、スライドのデザインなどを指定するときに使います。

2 正解①

アニメーションには、いくつかの種類があります。①は、文字や図形をスライドに登場させる動きを設定します。②は、文字や図形を強調するときの動きを設定します。③は、文字や図形をスライドから消すときの動きを設定します。

3 正解③

アニメーションの動きを確認するには、[アニメーション] タブの③のボタンを左クリックします。②は、アニメーションの動きを追加するときに使用します。

Index

これからはじめるパワーポイントの本［PowerPoint 2016/2013 対応版］

2017年　2月 15日　初版　第1刷発行
2019年　6月 18日　初版　第3刷発行

著者　門脇　香奈子
発行者　片岡　巌
発行所　株式会社技術評論社
東京都新宿区市谷左内町21-13
電話　03-3513-6150　販売促進部
03-3513-6160　書籍編集部
印刷／製本　共同印刷株式会社

定価はカバーに表示してあります。

造本には細心の注意を払っておりますが、万一、乱丁（ページの乱れ）や落丁（ページの抜け）がございましたら、小社販売促進部までお送りください。送料小社負担にてお取り替えいたします。

ISBN978-4-7741-8725-9 C3055
Printed in Japan

■問い合わせについて

本書の内容に関するご質問は、下記の宛先までFAXまたは書面にてお送りください。なお電話によるご質問、および本書に記載されている内容以外の事柄に関するご質問にはお答えできかねます。あらかじめご了承ください。

〒162-0846
新宿区市谷左内町21-13
株式会社技術評論社　書籍編集部
「これからはじめるパワーポイントの本
［PowerPoint 2016/2013 対応版］」
質問係
FAX番号　03-3513-6167

なお、ご質問の際に記載いただいた個人情報は、ご質問の返答以外の目的には使用いたしません。また、ご質問の返答後は速やかに破棄させていただきます。

カバーデザイン・本文デザイン　武田 厚志（SOUVENIR DESIGN INC.）
DTP　技術評論社制作業務部
編集　青木 宏治

技術評論社ホームページ　http://gihyo.jp/book